PHILOSOPHIE DER NATURWISSENSCHAFTEN

VON

MAX HARTMANN
BERLIN-DAHLEM

BERLIN
VERLAG VON JULIUS SPRINGER
1937

ISBN 978-3-642-98599-7   ISBN 978-3-642-99414-2 (eBook)
DOI 10.1007/978-3-642-99414-2

ALLE RECHTE, INSBESONDERE DAS DER ÜBERSETZUNG
IN FREMDE SPRACHEN, VORBEHALTEN.
COPYRIGHT 1936 BY JULIUS SPRINGER IN BERLIN.

Sonderausgabe aus:
25 Jahre Kaiser Wilhelm-Gesellschaft zur Förderung der Wissenschaften
II. Band: Die Naturwissenschaften.

Vorwort.

Die vorliegende Schrift stellt einen Abdruck dar aus der Festschrift, die anläßlich des 25 jährigen Bestehens der Kaiser Wilhelm-Gesellschaft zur Förderung der Wissenschaften im Januar 1936 erschienen ist. Hinzugekommen sind nur eine Anzahl von Anmerkungen und ein Schriftenverzeichnis. Die Herausgabe entspringt dem vielfach geäußerten Wunsche, die einheitliche Darstellung der philosophisch-erkenntnistheoretischen Lage der heutigen Physik und Biologie einem größeren Kreise von Interessenten zugänglich zu machen. Möge die kleine Schrift die Einsicht fördern, daß bei aller Verschiedenheit von Physik und Biologie in beiden Wissenschaften die gleichen philosophischen Grundlagen gelten und die gleichen Forschungsmethoden wirksam sind.

Berlin-Dahlem, Januar 1937.

MAX HARTMANN.

Inhaltsverzeichnis.

	Seite
Einleitung	5
I. Voraussetzungen und Methoden	7
II. Philosophie der Physik	17
a) Raum und Zeit (Relativitätstheorie)	17
b) Kausalität (Quantenphysik)	23
c) Materie (Substanz)	29
III. Philosophie der Biologie	32
a) Kausalität und Teleologie (Ganzheit)	32
b) Vitalismus	40
Schriftenverzeichnis	44

Einleitung.

In Zeiten einer wissenschaftlichen Krise wird vielfach in Kreisen, die der Wissenschaft fernstehen, das bis dahin starke Vertrauen zu ihren Ergebnissen erschüttert, und man hört dann oft das Wort vom „Zusammenbruch der Wissenschaft". In Wirklichkeit sind solche Krisenzeiten meist durch besondere wissenschaftliche Fruchtbarkeit ausgezeichnet, während die vorausgegangene Zeitepoche teilweise der Gefahr anheimfiel, in übergroßem Vertrauen auf die erzielten Errungenschaften in dogmatischem Schlummer zu erstarren. So hielt man die Physik am Ende des vorigen Jahrhunderts für „eine nahezu voll ausgereifte Wissenschaft, die wohl bald ihre endgültige stabile Form angenommen haben würde". „Wohl gäbe es vielleicht in einem oder dem anderen Winkel noch ein Stäubchen oder ein Bläschen zu prüfen und einzuordnen, aber das System als Ganzes stehe ziemlich gesichert da[1]." Auch in der Biologie herrschte am Ende des vorigen Jahrhunderts eine ähnliche Situation. Unter dem starken Eindruck des Entwicklungsgedankens, dem DARWINs Tat zum Durchbruch verholfen hatte, und der besagte, daß die Organismen sich von einfacheren zu komplizierteren entwickelt haben, hatte man geglaubt, auch die schwierigere Frage des *Wie* dieser Entwicklung im Prinzip gelöst zu haben mit den völlig unzureichenden Mitteln jener Zeit. Relativitätstheorie und Quantentheorie in der Physik sowie experimentelle Vererbungswissenschaft und Entwicklungsphysiologie in der Biologie haben in beiden Wissenschaften eine Aufrüttelung der Geister verursacht und eine Zeit fruchtbarer neuer Theorienbildung und neuer experimenteller Forschung hervorgebracht, in der beide Disziplinen noch mitten drin stehen. Dabei ist die Lage in beiden Wissenschaften äußerst verschieden. Die Physik, die auf eine dreihundertjährige Entwicklung von ungemeiner Folgerichtigkeit zurückblicken kann, deren Methode und Exaktheit bis zum äußersten ausgebildet ist, gerät gerade infolge dieser folgerichtigen Weiterentwicklung in eine Lage, die Zweifel an Grundprinzipien aufkommen ließ, die 3 Jahrhunderte hindurch als die gesicherten Grundlagen dieser Wissenschaft galten. Die Biologie dagegen, eine ganz junge Wissenschaft, deren Gegenstand von ungemein komplexer Natur ist, befindet sich

---

[1] So hat nach PLANCK sein Lehrer PH. VON JOLLY ihm bei Beginn seines Studiums den damaligen Stand der Physik geschildert (PLANCK 1933, S. 128).

erst im Zustand des Ringens um die richtigen Methoden und um saubere Begriffs- und Theorienbildung. Die Art der Theorienbildung ist hier zum großen Teil noch unreif und unexakt, und so konnte nach anfänglicher Befriedigung über den Erfolg eines neuen (aber theoretisch überspitzten) Erklärungsprinzips der Rückschlag nicht ausbleiben, besonders seit um die Wende des Jahrhunderts in engeren Forschungsgebieten eine an physikalischem Denken geschulte exakte Methode und Begriffsbildung entstand. Beide Naturwissenschaften — die als die beiden Gegenpole und die beiden Hauptrepräsentanten der Naturwissenschaften betrachtet werden können — befinden sich demnach, wenn auch aus ganz verschiedenen Gründen, im Zustand einer Krise. Diese Krisenzustände machen eine philosophische Betrachtung der heutigen Naturwissenschaft besonders dringlich; sie ist heute von höchstem Interesse.

Naturphilosophie oder besser Philosophie der Naturwissenschaft in dem Sinne, wie sie hier verstanden wird, hat natürlich nicht das Recht, sich selbst in die Ergebnisse der Einzelwissenschaften einzumischen; auch kann es nicht ihre Aufgabe sein, wie das von manchen Seiten vertreten wird, den Ergebnissen der Einzelwissenschaft gewissermaßen einen zusammenfassenden Überbau inhaltlicher Natur hinzuzufügen. Letzteres wäre ein Übergriff der Philosophie den Naturwissenschaften gegenüber; wo uns heute in naturphilosophischen Schriften derartige Bestrebungen begegnen, tragen sie meist unzweideutig den Stempel schlechter dilettantischer naturwissenschaftlicher Theorienbildung. ,,Nirgends greift Naturphilosophie in die Naturwissenschaften direkt hemmend oder fördernd ein, aber überall ist sie mit ihren Gesichtspunkten gegenwärtig. Sie schafft nicht neue Ergebnisse der Naturwissenschaft; sie rückt nur die jeweils vorhandenen in eine neue wissenschaftliche Beleuchtung, indem sie sie grundsätzlich als Funktion der Bedingungen auffaßt, unter welchen die wissenschaftliche Forschungsarbeit selbst steht" (HÖNIGSWALD 1913, S. 64).

Als Fachbiologe bin ich mir wohl bewußt, daß es mir an Sachkenntnis mangelt, um mir zu den schwierigen Fragen der heutigen theoretischen Physik maßgebliche Urteile erlauben zu können. Andererseits scheint es aber erwünscht und geboten, daß eine naturphilosophische Betrachtung von Physik und Biologie von einheitlichem Gesichtspunkt aus erfolgen soll. Sind doch die Voraussetzungen und Methoden der Forschung in den beiden Wissenschaften, die, wie schon erwähnt, als die zwei Pole der gesamten Naturwissenschaften betrachtet werden können, die gleichen, da es nur eine Art und Weise von Naturforschung gibt und geben kann. Dazu kommt, daß gerade die so ungemein verschiedene ,,*Reife*" der beiden Wissenschaften, der Physik und der Biologie, ihre gleichmäßige philosophische Betrachtung so wünschenswert macht. Denn die Reife der einen, der Physik, ist so weit vorgeschritten, daß viele wissenschaftstheoretische Grundlagen und Methodenmomente (so z. B. die Bedeutung von Klassifikationsbegriffen und Kausalsätzen qualitativen Inhalts) hier nicht mehr gesehen werden, die aber doch, wenn auch oft versteckt, in Begriffen und Lehrsätzen auch heute noch enthalten sind, während sie in den Jugendzeiten dieser Wissenschaft ähnlich stark hervortraten wie heute in der Biologie. Und umgekehrt spielen infolge der Jugend der Biologie hier Methoden, Begriffs- und Theorienbildungen eine Rolle, die vielfach das Ziel exakter Naturforschung und den Weg zu diesem Ziel verschleiern, während dies Ziel und die Wege zu ihm die reifere Schwesterwissenschaft enthüllt.

I. Voraussetzungen und Methoden.

„Die Empfindung stammelt, das Denken erst erschafft das Wort." COHEN: Logik der reinen Erkenntnis, S. 469.

Alle Naturwissenschaft gründet sich auf Erfahrung, alle Erfahrung aber geht aus von dem unserem Bewußtsein durch die Anschauung und Wahrnehmung unmittelbar Gegebenen. Mit dieser Behauptung hat der Positivismus unzweifelhaft recht. Aber von diesem Boden allein ließe sich nicht einmal genügend Erfahrung gewinnen, um uns in unserer Umwelt „menschlich", d. h. selbst handelnd bewegen zu können, geschweige eine wissenschaftliche Erfahrung zu begründen[1]. Es bliebe ein zusammenhangloses Chaos, eine chaotische Mannigfaltigkeit von Bewußtseinsinhalten und Einzeltatsachen. Konsequent zu Ende gedacht (wie das allein der griechische Philosph PROTAGORAS getan hat) endet ein solch positivistischer Standpunkt im Solipsismus und Skeptizismus, in der Leugnung jeglichen Wissens und jeglicher Erkenntnis. Logisch ist dieser Solipsismus und extreme Skeptizismus zwar nicht zu widerlegen, aber er widerlegt sich durch die Praxis des menschlichen Lebens selbst[2].

Somit ist es verständlich, daß auch der philosophische Positivismus und Empirismus unserer Tage einen solchen Standpunkt nicht vertritt, da Wissenschaft auf dieser Grundlage unmöglich wäre. Damit ist aber der Positivismus und Empirismus gezwungen, außer den unmittelbaren Wahrnehmungsinhalten (und selbst diese enthalten schon apriorische Elemente) nicht nur die allgemein gültigen Prinzipien der Logik für die Erfahrung und Erkenntnis vorauszusetzen, sondern noch andere allgemeine *Erkenntnisprinzipien* anzunehmen, die rein logisch nicht weiter zu begründen sind. So nimmt z. B. REICHENBACH die Voraussetzung eines Ordnungsprinzipes der Natur an, das er aber nun wieder aposteriorisch als eine statistische Wahrscheinlichkeitsordnung auffaßt. Damit wird aber auch vom Posi-

---

[1] „Ein Wesen, das solchen Vorwissens nicht mächtig und seines Zutreffens in gewissen Grenzen nicht doch sicher wäre, hätte keinen Spielraum eigenen Tuns in der Welt, es wäre zu Untätigkeit verurteilt. Ein rein aposteriorisches Erkennen wäre im Leben selbst praktisch wertlos" (NIK. HARTMANN 1935, S. 24).

[2] So sagt PLANCK 1933, S. 99: „Die Welt kümmert sich nicht einen Pfifferling darum, ob der Solipsist wacht oder schläft und selbst, wenn er für immer die Augen schlösse, würde sie kaum eine Notiz davon nehmen, sondern ihren gewöhnlichen Gang weitergehen."

tivismus und Empirismus wider Willen ein apriorisches Erkenntnisprinzip im Sinne der Transzendentalphilosophie KANTs anerkannt. Solche kategorialen Prinzipien a priori sind eben unentbehrlich für alle Erfahrung und alle Erkenntnis, nicht nur für die wissenschaftliche Erfahrung. Sie sind die *unentbehrlichen Voraussetzungen*, die allen Erfahrungen und jeder Erkenntnis zugrunde liegen und sie erst ermöglichen. Nicht um die psychologische oder entwicklungsphysiologische Aufzeigung oder Ableitung dieser kategorialen Erkenntnisse handelt es sich, nur die *logische Geltung* der Kategorien steht hier in Frage. ,,Die Kategorien sind Gedanken, die gelten, ob sie gedacht werden oder nicht" (B. BAUCH 1911). Diese apriorischen Elemente lassen sich allerdings nicht unabhängig von aller Erfahrung erkennen und aufzeigen, sondern nur *in der* und *durch die* Erfahrung. ,,*Das Denken der Erkenntnis kann durchaus nur an dem Problem der wissenschaftlichen Erkenntnis beschrieben, bestimmt und ausgemeißelt werden*", sagt COHEN (S. 57).

KANTs kopernikanische Wendung, daß ,,die Bedingungen der Möglichkeit der Erfahrung überhaupt zugleich Bedingungen der Möglichkeit der Gegenstände der Erfahrung" seien, besteht auch heute nach den umwälzenden Erkenntnissen der neuen Physik, der Relativitäts- und Quantentheorie zu Recht. Wenn gewisse Formulierungen KANTs mit Ergebnissen der Relativitätstheorie in Widerspruch stehen, so müssen erstere natürlich aufgegeben werden. Der Fehler liegt aber nicht in den *Prinzipien des kantischen Apriorismus,* sondern nur darin, ,,daß sie nicht streng genug angewandt wurden; daß man als a priori annahm, was diese prinzipielle Bedeutung für die Naturerkenntnis nicht besitzt" (WINTERNITZ 1923, S. 15). KANTs Werk enthält natürlicherweise neben den grundsätzlich wichtigen Erkenntnissen, die ihre zeitlose Geltung behalten, auch vielerlei Zeitgebundenes. KANT war durch die Wissenschaft seiner Zeit selbstverständlich stark beeinflußt; steht seine Auffassung der Natur und Naturerkenntnis doch ganz im Banne der NEWTONschen Physik.

Wenn heute vielfach von seiten einseitig positivistisch und empiristisch eingestellter Philosophen und Physiker KANTs Apriorismus hingestellt wird, als stände er im Gegensatz zu den Ergebnissen der Relativitätstheorie und Quantenphysik, und wenn damit zugleich der ,,Schulphilosophie" ein starrer Dogmatismus, ein Festhalten an überwundenen Denkgewohnheiten und eine Verständnislosigkeit der neuen Physik vorgeworfen wird, so sind diese Vorwürfe nicht zutreffend. Nicht nur KANT, auch die Neukantianer und andere am Apriorismus festhaltende Philosophen haben alle Fortschritte der Naturwissenschaften voll gewürdigt, wie aus den Werken von Philosophen wie AL. RIEHL, COHEN, CASSIRER, BR. BAUCH, NIK. HARTMANN u. a. unwiderleglich hervorgeht. So haben z. B. BR. BAUCH, COHEN und RIEHL schon längst vor der Relativitätstheorie ausgesprochen, daß die Aufstellung eines Systems der Kategorien kein für alle Zeit feststehendes Ergebnis, wie es in dem Schema von KANT hingestellt ist, sein kann, sondern daß es sich hier um eine wissenschaftliche

Aufgabe handelt, die nur im Zusammenhang mit den Ergebnissen der Wissenschaften vorwärts getrieben werden kann und wie jede wissenschaftliche Aufgabe eine *unendliche Aufgabe* ist. „Neue Probleme", sagt COHEN, „werden neue Kategorien bringen, neue Voraussetzungen erforderlich machen. Der notwendige Gedanke vom Fortschritt der Wissenschaft hat zur notwendigen nicht etwa bloß Begleitung, sondern auch *Voraussetzung* den Gedanken vom *Fortschritt der reinen Erkenntnisse*" (1902, S. 396).

Die Analyse der Erkenntnis zeigt, daß alle Erkenntnis, alle Forschung stets ein *System* der Kategorien voraussetzt und sie im lebendigen Forschungsbetrieb benützt, wenn dies dem Forscher selbst auch nicht bewußt wird, und wenn selbst der darauf reflektierende Philosoph das Kategoriensystem nicht eindeutig herauszustellen in der Lage ist. So enthält die reife theoretische Physik der heutigen Zeit in ihren vielen Begriffen, Gesetzen und Axiomen eine Reihe apriorischer Elemente, die bei der rein mathematisch abstrakten Formulierung ihrer allgemeinen Theorien leicht übersehen werden. In ihren abstraktesten Formulierungen, die letzten Endes nur bestimmte mathematische Konstanten in sich schließen, geht in den Inbegriff dieser Konstanten ein System apriorischer Prinzipien als Voraussetzungen ein, so mindestens der *Zahlbegriff*, der *Raumbegriff* der *Zeitbegriff* und der *Funktions- (Kausal-) Begriff*. „Sie sind in jeder Frage enthalten, die die Physik sich stellen kann" (CASSIRER 1920, S. 87).

Um auf Grund der sinnlichen Wahrnehmungen mit dem Werkzeug apriorischen Denkens zu wissenschaftlichen Erkenntnissen zu gelangen, bedient sich die Naturwissenschaft des *induktiven Verfahrens*. In diesem induktiven Verfahren der Naturwissenschaft sind jedoch, wie A. RIEHL, BR. BAUCH und andere Logiker ausgeführt haben, immer die beiden Arten von Urteilen, die Erkenntnis überhaupt vermitteln, zugleich wirksam: die *Induktion*, der logisch nicht ohne weiteres zu begründende Schluß vom Besonderen aufs Allgemeine, und die *Deduktion*, der umgekehrte Schluß vom Allgemeinen aufs Besondere, der mit dem allgemeinen logischen Schlußverfahren identisch ist. Induktion und Deduktion sind aber nur zwei *verschiedene Wegrichtungen, zwei Etappen* „*eines einheitlichen Methodengefüges*", so daß es rein induktive Naturwissenschaften im strengen Sinne nicht gibt. Beide Methodenglieder greifen beständig ineinander und bilden *ein einheitliches logisches Ganzes,* von dem im tatsächlichen Erkennen bald mehr die eine, bald mehr die andere Seite zur Anwendung gelangt. Ja, man kann je nach dem Grade der festen Eingliederung des deduktiven Gliedes in das induktive Schlußverfahren mit Br. BAUCH (1911, S. 38) zwei verschiedene Arten von Induktion unterscheiden, die *reine* oder *generalisierende* und die *exakte Induktion*, die eigentliche *kausalanalytische Methode* GALILEIs.

Die *reine* oder *generalisierende Induktion* ist zunächst nur ordnungschaffend und sagt noch nichts über die Gesetzmäßigkeit der von ihr aufgezeigten Ordnung aus. Sie sucht die Gleichheiten und Ungleichheiten an verschiedenen Gegenständen und Vorgängen herauszustellen und bringt so Gegenstände und Vorgänge in *ein System von allgemeinen Begriffen,* führt zu *Kennzeichnungen, Beschreibungen von Sachverhalten.* Das ist nicht nur in der Biologie so, sondern auch in den speziellen anorganischen Naturwissenschaften und in der Physik, wo es meist nur bei neuerschlossenen Gebieten stärker in Erscheinung tritt. Durch diese Herausstellung von Gleichheiten und Ungleichheiten führt die reine Induktion zu Allgemeinbegriffen, die Ausdruck von gewissen Gesetzmäßigkeiten sind. Mit dieser Subsumtion unter allgemeine Begriffe kommt schon in die reine Induktion ein *deduktives* Moment. Sie könnte gar nicht vom Besonderen zum Allgemeinen fortschreiten ohne die Voraussetzung einer allgemeinen inneren Gesetzmäßigkeit. In dieser logischen Voraussetzung des Allgemeinen liegt nach BR. BAUCH das deduktive Moment der generalisierenden Induktion. Die Ordnungsvoraussetzung, die Voraussetzung einer allgemeinen Gesetzmäßigkeit, ist eben eine der logischen Grundlagen jeglicher Naturerkenntnis, worauf wir noch zurückkommen.

Jedes induktive Verfahren ist nun stets mit einem einheitlich *analytisch-synthetischen Methodengefüge* gekoppelt. Bei der reinen Induktion müssen, um von den besonderen Gegenständen der Erfahrung (die ja immer gesetzlich zusammengesetzte sind), also von besonderen Körpern zu allgemeinen Begriffen, von besonderen Vorgängen zu allgemeinen Gesetzen zu gelangen, die einzelnen Körper und Vorgänge zunächst in Glieder und einzelne Teile zerlegt werden, da nur nach vorausgegangener Analyse in der darauffolgenden Synthese der Begriff des Subsumtionsallgemeinen zu gewinnen ist. Zwar tritt bei beginnender Forschung die Analyse zunächst stark in den Vordergrund, da die Erkenntnis zunächst durch Analyse zur richtigen Beschreibung und Kennzeichnung der Sachverhalte, zur Herausstellung der Wesenszüge, zu den richtigen Problemstellungen gelangen muß. Am Anfang wissenschaftlicher Erkenntnis eines Gebietes stehen daher immer Ordnungs- und Klassifikationsbegriffe (UNGERER 1930, S. 33). Solche Klassifikationsbegriffe führen zunächst nur zur Aufstellung von mehr oder minder wahrscheinlichen Regeln, enden aber schließlich immer in kausalen Betrachtungen und kausalen Problemstellungen. Die so gewonnenen Begriffe, wozu z. B. alle Begriffe der Systematik und der vergleichenden Morphologie in der Biologie, aber auch die der Systematik der Chemie (einschließlich der ursprünglichen Aufstellung des periodischen Systems der Elemente), der ursprünglich geometrischen Systematik der Kristallographie und auch klassifikatorische Begriffe der Physik (wie die Balmer-Formeln der Spektroskopie) gehören, sind nicht nur bequeme Ordnungsmittel zur Registrierung der Mannigfaltigkeit, sondern in ihnen wird trotz ihres vielfach provisorischen Charakters ein hoher Gehalt innerer Gesetzmäßigkeiten objektiv erfaßt, wenn ihnen auch zunächst keine konstitutiv kausale, keine erklärende Funktion zukommt. Daß sichere Erkenntnisse auf diese

Weise gewonnen werden, zeigt nicht nur in der Physik die spätere kausale Aufklärung dieser Klassifikationsbegriffe, wie z. B. die des periodischen Systems der Elemente durch die neuere Atomphysik, darüber besteht auch unter den Vertretern der „unreifen" Biologie volle Einigkeit. So ist z. B. jeder Zoologe fest überzeugt, daß die Walfische keine Fische, sondern Säugetiere sind, die Linguatuliden oder Zungenwürmer keine Würmer, sondern Spinnen usw., und daß gewisse Schädelknochen der höheren Wirbeltiergruppen den Kiemenbögen der Fische entsprechen, ihnen homolog sind.

Die Sicherung und Geltung dieser induktiv gewonnenen Begriffe und Sätze fließt aus den mit dem induktiven Verfahren verknüpften Analysen. Bei stärkerer und gleichmäßigerer Beteiligung analytischen und synthetischen Verfahrens können aber bereits durch die Anwendung der reinen, generalisierenden Induktion richtige Erklärungen erzielt werden, wenn auch zunächst nur von hypothetischem Charakter. Aber nur nach genügend weit getriebener Analyse läßt sich das gesetzmäßige Gefüge eines besonderen Ganzen erfassen. Und dadurch bildet das analytisch synthetische Verfahren die logische Grundlage, die das induktive Fortschreiten vom Besonderen zum Allgemeinen ermöglicht. Auf ihm beruht die erkenntnisstiftende Funktion des induktiven Schlusses[1].

Durch die doppelte Koppelung des induktiv-deduktiven Methodengefüges mit dem analytisch-synthetischen Verfahren kann schon die reine, die generalisierende Induktion, wenn auch erst in einem fortgeschrittenen Stadium der Analyse und mit nicht endgültig gesichertem Ergebnis, wirklich kausale Erklärungen der gesetzmäßigen Zusammenhänge von Naturerscheinungen vermitteln. In noch höherem Maße und dabei nun mit weit sicherem Ergebnis wird das bei der *exakten Induktion* sichtbar, weil hier die vier Einzelglieder des Methodenzusammenhanges noch fester und in strengerer Beziehung miteinander verbunden sind. Zunächst wird auch hier ein Besonderes-Ganzes, sei es ein statisches Gebilde oder ein dynamischer Vorgang, als ein Ganzes, ein System, dessen Begriff schon ein zusammengesetztes Synthetisches, ein Induktionsallgemeines voraussetzt, durch Analyse in Teile zerlegt, dann synthetisch zu gesetzmäßigem Ganzen konstruiert, zum Subsumtionsallgemeinen fortgeschritten, das Gesetz des Ganzheitsaufbaues des Systemgefüges hypothetisch formuliert, also genau wie auf der höchsten Stufe der generalisierenden Induktion. Aber nun kommt noch ein Neues hinzu; denn jetzt wird wiederum deduktiv

---

[1] Die hier vertretene Theorie der Induktion ist schon von älteren Logikern, wie vor allem ALOIS RIEHL, klar erkannt und besonders von BR. BAUCH (1911) weiter ausgebaut worden. Die stete Verknüpfung mit dem gleichfalls gekoppelten Methodenpaar Analyse und Synthese, dessen untrennbares Zusammenwirken schon LEIBNIZ gesehen hatte, ist in der Schrift „Analyse, Synthese und Ganzheit in der Biologie" (HARTMANN 1935) weiter ausgeführt. Dort findet sich auch die weitere Begründung der hier nur kurz angedeuteten logischen Rechtfertigung der reinen Induktion durch fortgesetzte Analyse und Synthese weiterer Fälle.

und zugleich analytisch-synthetisch vom Allgemeinen, vom hypothetisch angenommenen, allgemeinen Gesetz ein *neues Besonderes, ein neuer spezifischer Fall abgeleitet, und zwar unter eingeschränkten, vereinfachten Bedingungen*. Dieser konstruierte Einzelfall, das neue Besondere-Ganze, wird durch das Experiment unter Beweis gestellt, worauf nun in rücklaufender Bewegung das zunächst hypothetisch angenommene Allgemeine als allgemeines Gesetz bewiesen und als die gesetzliche Konstitution aller besonderen Ganzheiten der gleichen Art dargetan wird.

Wohl kann je nach dem Stande der wissenschaftlichen Frage und der Einstellung eines Forschers bei dem wissenschaftlichen Verfahren bald die induktive, bald die deduktive Etappe im Vordergrund stehen oder bald mehr das analytische Verfahren, bald das synthetische vorherrschen, so daß in einem Falle der Eindruck rein analytischer Forschung, im anderen der synthetischer erweckt werden kann. Stärkste erkenntnisstiftende Funktion und damit höchste wissenschaftliche Leistung findet sich aber nur dort, wo dieses vierfache Methodengefüge in strenger Gebundenheit und zugleich voller gegenseitiger Ausgeglichenheit zur Wirksamkeit gelangt, wie es an dem klassischen Beispiel der Ermittlung des Fallgesetzes von GALILEI methodologisch so klar erkennbar ist.

Die exakte Induktion in der Physik trachtet nun seit GALILEI nicht nur danach, die einzelnen Vorgänge kausalgesetzlich zu erklären und in allgemeinen Gesetzen das Naturgeschehen zur Darstellung zu bringen, sondern sie will zugleich alle kausal-funktionalen Beziehungen quantitativ mathematisch erfassen, d. h. alle qualitativen Elemente der Darstellung und Beschreibung durch quantitative, auf Messung beruhende mathematische Angaben ersetzen. Dieser Gedanke, den GALILEI zugleich mit der Entdeckung der exakten Induktion in die Physik einführte, hat sich als ungemein fruchtbar erwiesen und seine Fruchtbarkeit in der dreihundertjährigen Geschichte der Physik in steigendem Maße bewährt. Die Voraussetzung von einer mathematischen Fassung der Kausalzusammenhänge sind *Messungen*, wodurch die qualitativen Erscheinungen quantitativ zahlenmäßig dargestellt werden. Die Messungen sind zugleich das Mittel, durch das unseren Aussagen über die Natur gegenüber den stets Unzulänglichkeiten, ja Irrtümern ausgesetzten Wahrnehmungen „objektive" Gültigkeit verliehen wird, indem der gleiche phänomenale Beziehungszusammenhang durch verschiedene Meßmethoden festgestellt, d. h. durch verschiedene Sinnesorgane kontrolliert werden kann und lediglich auf Raum-Zeit-Koinzidenzen zurückgeführt wird. In der heutigen Physik gelten daher nur Angaben, die durch Messung festgestellt und kontrolliert werden können.

Gewiß ist dieses Verfahren der Hauptgrund der großartigen, folgerichtigen Entwicklung der Physik; doch hat es andererseits zu einer Überspitzung des apriorischen Kausalgedankens geführt, indem die klassische Physik einen Kausalbegriff allgemein verwendete, der mehr als die apriorische Setzung enthält, nämlich zugleich inhaltlich objektive Momente. Das ist der Fall, wenn, wie das in der klassischen Physik allgemein geschehen ist, der Kausalsatz gleichgesetzt wird der *genauen Vorausberechenbarkeit* und *Voraussagbarkeit* der Vorgänge[1]. Letztere ist jedoch wegen des allgemeinen Kausalzusammenhanges der Gesamtnatur, auf den wir noch zu sprechen kommen, unmöglich. Und so ist es nicht erstaunlich, daß es in der Quantenphysik zu einer Krisis der Kausalität gekommen ist, auf die im physikalischen Teil noch genauer eingegangen wird[2].

Unter dem Eindruck der großen Erfolge und der Exaktheit der messenden Methode und dem Einfluß dieses überspitzten Kausalbegriffes wurde in der Physik vielfach vergessen, daß auch zwischen nicht quantitativ meßbaren Erscheinungen kausal-funktionale Zusammenhänge durch die Forschung aufgedeckt, kausal-funktionale Erklärungen gegeben werden können. Und wenn solche rein qualitativ kausalen Experimente in der heutigen Physik auch nicht mehr die große Bedeutung haben wie in früheren Zeiten, so können sie doch auch heute noch nicht ganz entbehrt werden und spielen auch heute in der experimentell-physikalischen Forscherarbeit eine Rolle. In jungen, weniger „reifen" Wissenschaften wie der Biologie hat aber die Kausalforschung und die durch sie ermittelten Gesetzmäßigkeiten zur Zeit fast ausschließlich[3] das Gepräge solcher rein qualitativen Kausalaussagen, und die dabei verwendeten Messungen, die auch auf diesem Gebiete nach Möglichkeit erstrebt werden, spielen für die Ermittlung der eigentlichen Gesetze eine geringe Rolle. So ist es in der Entwicklungsphysiologie, in der Sexualtheorie, aber auch in der experimentellen Vererbungslehre. Die MENDELschen Gesetze sind zwar auf bestimmten Zählungen beruhende, statistische Wahrscheinlichkeitsgesetze, aber sie finden ihre strenge kausal-gesetzliche Erklärung durch den Nachweis, daß die zahlenmäßige Mendelspaltung und Umkombination durch das Verhalten der Chromosomen bei der Reduktionsteilung und Befruchtung zustande kommen. Das sind aber kausale Beziehungen, die nur qualitativ phänomenologisch dargestellt werden können.

---

[1] Einige Zitate mögen das bezeugen: SCHLICK (1931, S. 150): „Das wahre Kriterium der Gesetzmäßigkeit, das wesentliche Merkmal der Kausalität, ist das Eintreffen von Voraussagen." S. 155 „Alle Ereignisse sind prinzipiell voraussagbar". PLANCK (1933, S. 236): „Ein Ereignis ist dann kausal bedingt, wenn es mit Sicherheit vorausgesagt werden kann." In einem früheren Vortrag von 1923 sagt PLANCK (1933, S. 93) dagegen: „Als Kausalität können wir ganz allgemein den gesetzlichen Zusammenhang im zeitlichen Ablauf der Ereignisse bezeichnen." In dieser Fassung kommt mehr die Kausalität im apriorischen Sinn als Kategorie zum Ausdruck.

[2] Damit soll durchaus nicht gesagt sein, daß die heutige Unsicherheit über die Bedeutung der Kausalität in der Quantenphysik nur diesen Grund hat. Weiteres darüber s. S. 25 und 28, Anm.

[3] Eine Ausnahme machen nur manche Gesetzlichkeiten der Physiologie des Stoffwechsels.

Hier ist der Ort, kurz auf die viel erörterte Streitfrage einzugehen, ob es die Aufgabe der Physik sei, nur zu beschreiben oder auch zu erklären. Positivistisch eingestellte Physiker lehnen bekanntlich eine *Erklärung* der physikalischen Vorgänge ab und nehmen im Anschluß an ein bekanntes Wort von KIRCHHOF an, die Aufgabe der Physik bestände nur darin, „die in der Natur vor sich gehenden Bewegungen zu beschreiben, und zwar vollständig und auf die einfachste Weise zu beschreiben". Beschreiben ist jedoch von KIRCHHOF nicht einmal in dem oben bezeichneten Sinne von Kennzeichnung des Wesentlichen gemeint, geschweige denn im Sinne einer einfachen Registrierung von Sachverhalten. Die wesentlichste Aufgabe der Physik besteht doch in dem Nachweis von gesetzlich funktionalen Zusammenhängen und der Zurückführung von Besonderem auf Allgemeines. Und das nennt man eben *Erklärung*. EINSTEINs Relativitätstheorie liefert keine einfachere Beschreibung als die NEWTONsche Mechanik, sondern eine allgemeinere, daher richtigere Erklärung und daß sie denkökonomischer im Sinne MACHs wäre, kann man wohl auch nicht behaupten. Stellt sie doch geradezu erhöhte Ansprüche an das menschliche Denkvermögen. Aber sie ist umfassender und allgemeiner und darum richtiger und besser als die früheren Theorien. Und so ist es bei allen Fortschritten der theoretischen Physik. Die Aufgabe der Physik ist es trotz allem, Erklärungen zu geben; denn Konstruktion von gesetzmäßigen Zusammenhängen heißt eben *erklären*. Beschreiben im eigentlichen Sinne hat auch KIRCHHOF, wie schon betont, nicht gemeint. Und wenn KIRCHHOF sagt, daß das Ziel einer vollständigen Beschreibung auf einfachste Weise das sei, „durch rein mathematische Betrachtungen zu den allgemeinen Gleichungen der Mechanik zu gelangen", so gibt er mit diesem Satze selbst zu, daß er mit seinem einfachen Beschreiben in Wirklichkeit Erklären gemeint hat; denn die Aufstellung allgemeiner Gleichungen ist keine einfache Beschreibung von Wahrnehmungen. „Nicht die Ausschaltung des Strebens nach Erklärung, sondern die Forderung einer wissenschaftlichen Analyse und Rechtfertigung der Begriffe ist es, was die These von der Beschreibung in sich schließt" (HÖNIGSWALD 1913, S. 88).

Auf Grund der bisher erörterten apriorischen Grundlagen und Methoden stellt sich die Aufgabe der Naturwissenschaft als eine zweifache dar:
1. durch an der Wahrnehmung prüfbare Erfahrung die Erscheinungen und Vorgänge in den verschiedenen Gebieten der Natur zu *kennzeichnen*, zu *beschreiben* und die so gekennzeichneten Erscheinungen und Vorgänge in ein System von Begriffen zu bringen, die eine den Gegenständen immanente Ordnung und Gesetzmäßigkeit klassifikatorisch zum Ausdruck bringen;
2. weiterhin zur Aufstellung und Konstruktion von Naturgesetzen zu gelangen, durch die sich aus gegebenen Zuständen künftige vorausbestimmen lassen.

Beide Aufgaben sind nicht streng getrennt, sondern greifen stets ineinander über. Aber in den verschiedenen Wissenschaften und verschiedenen Wissenschaftszweigen kann die eine oder andere so stark vorherrschen, daß fast nur eine der beiden vorzuliegen scheint. So ist in der heutigen Physik meist nur noch von der zweiten Aufgabe die Rede, während in der Biologie es bis vor kurzem umgekehrt war, indem bis dahin fast nur die klassifikatorische Begriffsbildung das Feld beherrscht hatte. Doch tritt auch in der Biologie das zweite Ziel in steigendem Maße in Erscheinung. Und wie in der Biologie so ist es in allen übrigen speziellen Naturwissenschaften, die bestimmte nichtlebende Naturkörper zum Gegenstand haben, und die man im Gegensatz zur Physik als der rein nomothetischen, gesetzeswissenschaftlichen Grunddisziplin als die *idiographischen* oder *systematischen Naturwissenschaften* bezeichnen kann. Denn die Aufgabe dieser Wissenschaften ist es, einzelne, mehr oder minder begrenzte, ausgedehnte Geschehen von einmaliger, in der Zeit begrenzter Wirklichkeit zu voller und erschöpfender Darstellung zu bringen (DRIESCH) und zugleich diese individualisierten spezifischen Naturkörper und Vorgänge zu klassifizieren, in ein ordnungschaffendes System einzureihen. So ist es in der Astronomie und Geographie, in der Chemie und Kristallographie und jeder speziellen anorganischen Naturwissenschaft. Da aber das Ziel aller Naturwissenschaften letzten Endes nicht nur eine Beschreibung und Ordnung, nicht eine Katalogisierung, sondern *eine Rationalisierung der Erscheinungswelt* ist, so müssen diese klassifikatorischen Systembegriffe letzten Endes natürlich ebenfalls rein rationalen Charakter besitzen. Das Erstaunliche ist, daß in diesen zunächst rein ordnungstiftenden klassifikatorischen Begriffen der Erscheinungswelt (wenn die Forschung dabei richtig vorgegangen war, d. h. die Wesenszüge bei der Kennzeichnung herausgestellt hatte) sich eine zugrunde liegende immanente Gesetzlichkeit widerspiegelt. Die nomothetisch, gesetzliche Aufklärung eines Teiles dieser Systeme, wie des periodischen Systems der Elemente, des geometrischen Systems der Kristalle, der BALMER-Serien usw. durch die neuere Entwicklung der Physik läßt dies klar erkennen.

Das letzte Ziel aller Naturwissenschaften wäre die totale Erkenntnis der gesamten funktional (kausal)-gesetzlichen Zusammenhänge der einzelnen Systeme, und da alle Systeme untereinander wieder gesetzlich-funktional zusammenhängend vorausgesetzt werden müssen, der Gesamtnatur. Dieses Ziel ist natürlich nicht nur für die Gesamtnatur, sondern auch für jedes einzelne System oder jeden engeren Systemzusammenhang nicht restlos möglich. Es ist die nie erreichbare, unendliche Aufgabe. Aber die Möglichkeit einer totalen Erkenntnis des rationalisierbaren Teiles der Welt, die Voraussetzung eines totalen, alles umfassenden Gesetzeszusammenhanges, die Voraussetzung „*der Begreiflichkeit der Natur*" (HELMHOLTZ) ist eben die Voraussetzung der Naturforschung überhaupt, eine Voraussetzung, auf die schon bei der Besprechung der generalisierenden Induktion hingewiesen wurde. Diese Verallgemeinerung ist nicht erschlossen und unbeweisbar, und das führt uns noch auf eine letzte Frage.

Außer den apriorischen Voraussetzungen macht die Naturwissenschaft noch weitere, mit der Logik nicht beweisbare Annahmen, die im Gegensatz zu den apriorischen als *metaphysische Voraussetzungen* bezeichnet werden können. Die wesentlichste ist die *Annahme der Existenz einer realen Außenwelt,* von der wir allerdings nur durch die sinnliche Wahrnehmung Kenntnis erhalten können. Die in dieses Problem hineinspielende, rein philosophische Frage des Verhältnisses von Subjekt und Objekt, von idealistischer und realistischer Auffassung, sowie die Frage der philosophischen Begründung der Annahme einer realen Außenwelt kann hier unerörtert bleiben[1]. Denn die naturwissenschaftliche Arbeit wird durch diese Frage nicht berührt, und die Einzelwissenschaften haben sich daher auch nie um die Begründung dieses Sprunges ins Metaphysische bekümmert, und ,,sie haben wohl daran getan, denn erstens wären sie sonst sicher nicht so schnell vorwärts gekommen, und zweitens, was grundsätzlich noch wichtiger ist, haben sie niemals eine Widerlegung zu befürchten, da ja diese Fragen durch Vernunftschlüsse gar nicht entschieden werden" (PLANCK 1933, S. 107).

Eine weitere metaphysische Voraussetzung ist die obige Annahme, daß die reale Außenwelt durchgängig gesetzlich konstruiert ist, daß ein *allgemeiner kausalgesetzlicher Zusammenhang* in ihr besteht, *dem unsere Erkenntnismittel adäquat angepaßt sind,* und demzufolge es möglich ist, mit letzteren die Außenwelt kausal zu erfassen. Es ist die bereits oben genannte *unbeweisbare Voraussetzung der ,,Begreiflichkeit der Natur"* (HELMHOLTZ), ,,*der Ordnungsvoraussetzung der Naturwirklichkeit"* (UNGERER), der ,,*Gleichförmigkeit der Natur"* (J. ST. MILL), der *Planmäßigkeit* (V. UEXKÜLL), oder wie man es sonst nennen mag. Es handelt sich gewissermaßen hierbei um eine metaphysisch übersteigerte, nicht mehr rein formal apriorisch gemeinte, sondern mit objektivem Inhalt behaftete *Ausweitung des Kausalgedankens.* Die Kategorie der Kausalität oder Gesetzlichkeit an sich ist ja nur Denkmittel, Form für die Herstellung und Verknüpfung der funktional-kausalen Zusammenhänge bei der Forschung. Die totale Erkenntnis der gesamten kausalen Zusammenhänge eines Systems ist aber selbstverständlich für die Wissenschaft nicht möglich. Trotzdem nehmen wir einen objektiven durchgehenden Kausalnexus, der jedes

---

[1] Eingehend ist dieser Standpunkt in NIK. HARTMANNs Metaphysik der Erkenntnis (2. Aufl., Berlin 1925) begründet. Siehe auch BAVINK: Ergebnisse und Probleme der Naturwissenschaften (5. Aufl., Leipzig 1933). Die hier eingenommene erkenntnistheoretische Haltung deckt sich auch sonst in allen grundsätzlichen Fragen mit der Erkenntnislehre NIK. HARTMANNs in seiner oben erwähnten Metaphysik der Erkenntnis. Trotz der Anerkennung einer realen Außenwelt wird hier die Bedeutung des Apriorischen für alle Erkenntnis mit allem Nachdruck betont.

Glied mit der gesamten Natur verbindet, an; denn die Möglichkeit einer Totalerkenntnis des rationalen Teils des Seins, die Voraussetzung eines totalen allesumfassenden Kausalzusammenhangs ist eben die Voraussetzung jeder Naturforschung überhaupt.

Dieser Gedanke, daß die Naturwirklichkeit, soweit sie erkennbar ist, einen kausalgesetzlichen Aufbau hat, ist im Grunde das gleiche wie das, was KANT in seiner Kritik der Urteilskraft als die allgemeine *formale Zweckmäßigkeit* der Natur bezeichnet hat. Nach KANT ist sie nicht wie die Kategorien ein *konstitutives Prinzip* der Naturerkenntnis, sondern ein *regulatives, heuristisches,* sagen wir ruhig, ein *metaphysisches,* ohne das die Naturforschung eben nicht auskommen kann. Aber die Naturwissenschaft selbst zeigt uns ja die erstaunliche Tatsache, daß die *Gegenstände* und *Vorgänge der realen objektiven Außenwelt* und die — auf der so unsicheren Basis unserer sinnlichen Wahrnehmungen durch unser kategoriales Denken aufgebaute — *Naturerkenntnis* zusammenstimmen, und wir erleben das Wunder, daß sowohl unsere im Anfangsstadium wissenschaftlicher Forschung durch generalisierende Induktion gebildeten Klassifikationsbegriffe wie die rein abstrakt mathematischen Gesetzesformeln der reifsten theoretischen Physik uns eine irgendwie „objektive" Erkenntnis der Naturwirklichkeit übermitteln, *das Wunder der Harmonie zwischen der Welt und unserem Denken,* bzw. das Zusammenstimmen der Außenwelt mit den durch unser Denken zustande gekommenen Begriffen, ja sogar mit der höchsten abstrakten Form unseres Denkens, der reinen Mathematik.

II. Philosophie der Physik.

„In allem Wechsel der Anschauungen sind und bleiben die Theorien aprioristisch aufgebaut, auch da, wo sie bewußt von Erfahrungstatsachen ausgehen. Sie wissen nur meist nicht, wie sehr sie es sind. Das Apriorische ist eben ein Wesensbestandstück in aller und jeder Erkenntnis; es ist selten irgendwo ‚rein', besteht fast nirgends inhaltlich für sich, aber es fehlt auch nirgends ganz. Es ist den Sinnen gegenüber das höhere Element, das zwar keine Tatsachen gibt, dafür aber alles tiefere Eindringen, alles Verstehen und Begreifen allererst zuwege bringt." NIK. HARTMANN, Das Problem des Apriorismus in der Platonischen Philosophie, S. 224.

a) Raum und Zeit (Relativitätstheorie).

Die Relativitätstheorie hat die Jahrhunderte lang als Grundlage der Mechanik, ja der gesamten Physik angenommene Lehre NEWTONs vom *absoluten Raum* und der *absoluten Zeit* sowie die euklidische, dreidimensionale Beschaffenheit des Raums und der Naturwirklichkeit als nicht zutreffend erwiesen. Prinzipien, die auch nach KANT als apriorische Erkenntnisprinzipien aller Naturerkenntnis und aller Erfahrung festzustehen schienen, hatten sich als Denkgewohnheiten ohne physikalischen Sinn entpuppt bzw. wie die euklidische dreidimensionale Beschaffenheit der Welt nur als für *beschränkte Grenzfälle* geltend und nicht *allgemein* für die *Weltwirklichkeit*. Es ist verständlich, daß diese neuen Theorien, die über Raum- und Zeitmessung, über Gravitation und Energie, über Trägheit und Masse so umwälzende neue Auffassungen und so viel Aufklärung brachten, nicht nur für die Physik, sondern nicht minder für die Erkenntnistheorie von größter Bedeutung wurden.

Die klassische Physik hatte unbesehen die Lehre NEWTONs vom *absolut ruhenden Raum*, in dem alle Veränderungen und Vorgänge in der *absoluten Zeit* vor sich gehen, festgehalten. Zwar hatte noch LEIBNIZ starke Einwände gegen NEWTONs Lehre erhoben, und auch KANT hatte anfangs noch die erkenntnistheoretischen Schwierigkeiten, die dieser Lehre entgegenstehen, gesehen. KANT war aber unter der Einwirkung der Autorität NEWTONs nicht zur vollen Klarheit gelangt, so daß in der transzendentalen Ästhetik seiner Kritik der reinen Vernunft seine eigenen apriorischen Gesichtspunkte hinsichtlich des Raumes und der Zeit nicht völlig klar erfaßt und herausgearbeitet sind.

Die optischen und elektromagnetischen Erscheinungen hatten zu der Annahme geführt, daß der absolute Raum vom ruhendem Lichtäther erfüllt sei. Alle übrigen Teile der Physik waren bis zum Beginn unseres Jahrhunderts teils von der Mechanik (Akustik, Thermodynamik), teils von der Elektrodynamik (Optik, Chemie) erfaßt worden. Alle Versuche, die beiden übrig gebliebenen, großen Gebiete zu vereinigen, schlugen fehl, und die Folgerungen, von dem einen Gebiet die Erscheinungen des anderen theoretisch zu erfassen, führten zu Widersprüchen. Wenn die Erde sich im ruhenden Äther bewegt, dann mußte die Messung eines Lichtstrahles, der in der Richtung der Erdbewegung sich bewegt, eine andere, geringere Geschwindigkeit ergeben als die eines Lichtstrahles in der entgegengesetzten Richtung. Genaue Versuche von MICHELSON, die diese Unterschiede der Lichtgeschwindigkeit hätten erfassen müssen, fielen aber negativ aus. Die Lichtgeschwindigkeit ist vielmehr nach beiden Richtungen dieselbe. Dieses Prinzip der Konstanz der Lichtgeschwindigkeit steht nun im Widerspruch zur Relativität der Bewegung und Geschwindigkeiten, die in ihrem Wert vom Bewegungszustand des Beobachters abhängen. LORENTZ hatte zwar das Prinzip der Konstanz der Lichtgeschwindigkeit, das aus der Erfahrung sich ergab, mit der, wie sich durch den MICHELSONschen Versuch herausgestellt hat, experimentell nicht prüfbaren Ätherhypothese formal in Einklang bringen können durch eine weitere, nicht prüfbare Hilfshypothese (die sog. LORENTZ-Kontraktion). Aber diese Annahme von LORENTZ bedeutete nur die Erklärung einer unbeweisbaren Hypothese (Ätherhypothese) durch eine andere nicht beweisbare Hypothese (LORENTZ-Kontraktion), eine physikalisch nicht sehr befriedigende Situation.

Um aus dieser mißlichen Lage herauszukommen, schlug EINSTEIN einen völlig neuen, radikalen Weg ein, indem er die jahrhundertelang feststehende Annahme des *absoluten* Raumes, der *absoluten* Zeit und der *absoluten* Bewegung[1] und dazu noch die *Ätherhypothese* preisgab, und umgekehrt die durch die Erfahrung gesicherten, der Messung zugänglichen Daten, die *Konstanz der Lichtgeschwindigkeit* und die *Relativität aller Bewegung* zum sicheren Ausgang der physikalischen Begriffe und Theorien machte.

Von diesen Grundlagen aus kam EINSTEIN zunächst zur speziellen, sodann zur allgemeinen Relativitätstheorie, die eine Reihe von physikalischen Begriffen in ganz neuem Lichte erscheinen lassen und zu Folgerungen führten, die von dem bisher Angenommenen so abwichen, daß die Theorie von vielen Physikern und Philosophen als höchst revolutionär und paradox angesehen und abgelehnt wurde. Es kann hier nicht eine Darstellung der neuen Lehren gegeben werden, sondern ich muß mich begnügen, einige der wesentlichen Ergebnisse hervorzuheben, so weit sie erkenntnistheoretisch von Bedeutung sind[2].

Einen absoluten Raum und eine absolute Zeit gibt es nach der neuen Lehre nicht in der Physik als Erfahrungswissenschaft. Da es kein absolutes Zeitmaß und kein absolutes Raummaß gibt, gibt es auch keine vom Bewegungszustand unabhängige Gleichzeitigkeit in verschiedenen Raumpunkten und keine absolute Bewegung, da beide nur unter der Voraussetzung eines Ruhesystems einen Sinn haben. Nach Gleichzeitigkeit an verschiedenen Orten zu fragen, ist sinnlos, da sie von der Relativität betroffen wird. Ein Ereignis kann nie durch Zeitangaben allein, sondern durch *Zeit- und Ortangaben*, im ganzen *durch vier unabhängige Bestimmungen* festgelegt werden. Es gibt eben nur eine *unlösliche Verbindung räumlicher und zeitlicher Bestimmungen*.

Durch eine neue Interpretation der Gleichheit von träger und schwerer Masse, die durch experimentelle Erfahrungen bereits festgestellt war, gelangte EINSTEIN auch zu einer Relativierung der Gravitation und zeigte ihre Abhängigkeit vom Bezugssystem. In der vierdimensionalen gekrümmten Welt wird die Gravitation selbst nur zum Ausdruck eines

---

[1] MACH hatte bereits im 19. Jahrhundert die Lehren vom absoluten Raum, der absoluten Zeit und absoluten Bewegung einer eingehenden Kritik unterzogen und so EINSTEIN vorgearbeitet.

[2] Gute populäre Darstellungen finden sich in den Werken von BAVINK (1933) und ZIMMER (1936). Sehr zu empfehlen ist ferner die Schrift von SCHLICK (1917): „Raum und Zeit in der gegenwärtigen Physik." Die Darstellungen von v. LAUE (1911) und WEYL (1920) sind für Fachleute geschrieben. Die erkenntnistheoretischen und philosophischen Fragen, die durch die Relativitätstheorie aufgeworfen wurden, sind in dem auch hier festgehaltenen (nur modifizierten) KANTschen aprioristischen Sinne in den Abhandlungen von CASSIRER (1920) und WINTERNITZ (1923) dargestellt. (Denselben Standpunkt vertreten ELSBACH und SELLIEN.) Einen davon völlig abweichenden Standpunkt nehmen die Positivisten ein (REICHENBACH, SCHLICK u. a.).

räumlich-zeitlichen Zusammenhanges der Dinge. Dadurch wird der Ausschluß der Fernwirkung der Gravitation aus der Mechanik möglich, die schon NEWTON selbst bei ihrer Aufstellung als einen störenden Fremdkörper im Begriffssystem der Physik empfunden hatte, ein Fremdkörper, der nur wegen seiner erfolgreichen Anwendbarkeit und bisherigen Unersetzbarkeit so anstandslos in der Physik bisher hingenommen bzw. geduldet worden war.

EINSTEIN fand in der RIEMANNschen vierdimensionalen Geometrie auch das mathematische Instrument, um die neue Theorie streng mathematisch fassen zu können. Die allgemeinen Gesetze, die für die physikalische Wirklichkeit, die physikalische *Raum-Zeit* gelten, können nur mit dieser vierdimensionalen Geometrie mathematisch formuliert werden, wobei unter den vier Koordinaten der „gekrümmten" Welt die Zeitkoordinaten nicht gegenüber den drei Raumkoordinaten ausgezeichnet sind. Der dreidimensionale euklidische Raum, dessen Allgemeingültigkeit für die wirkliche Welt, den wirklichen Raum auch KANT für apriorisch gesichert hielt, entspricht nicht der wirklichen Welt. Die allgemeine Weltformel geht aus der RIEMANNschen vierdimensionalen Formel nur *im Grenzfall* in die euklidische Geometrie über.

Daß die Welt nicht dreidimensional aufgebaut ist, daß für sie die euklidische Geometrie nicht gilt, ist ein Ergebnis, das nicht nur dem naiven Menschenverstand zunächst höchst paradox und unmöglich erscheint. Allein dieses Ergebnis ist nur die folgerichtige Entwicklung der physikalischen Methode und Theorienbildung, deren Ziel es ist, den Anthropomorphismus des natürlichen sinnlichen Weltbildes zu überwinden. „Derartige Gedankengänge", sagt PLANCK, „sind gewiß eine harte Zumutung für unser Vorstellungsvermögen, aber das geforderte Opfer an Anschaulichkeit erweist sich als verschwindend geringfügig gegen die unschätzbaren Vorteile einer großartigen Verallgemeinerung, einer Vereinfachung des physikalischen Weltbildes". Das Ergebnis der allgemeinen Relativitätstheorie ist eben dies, daß dadurch dem Raum der letzte Rest „physikalischer Gegenständlichkeit" genommen wird. Bei der unlösbaren Verknüpfung von Raum, Zeit und physisch-realem Gegenstand sind nur verschiedene Maßverhältnisse innerhalb der physischen Mannigfaltigkeit aufweisbar, die allein in der Symbolik der vierdimensionalen nichteuklidischen Geometrie ihren exakten mathematischen Ausdruck finden.

Wenn wir nun dazu übergehen, nach der philosophischen und erkenntnistheoretischen Bedeutung der Ergebnisse der Relativitätstheorie zu fragen, so ist zunächst der Versuch mancher Positivisten, die Relativitätstheorie gewissermaßen als Krönung und Frucht der positivistischen Philosophie hinzustellen (PETZOLD), ja geradezu den wissenschaftlichen Beweis für die Richtigkeit ihrer Philosophie darin zu erblicken, völlig abzuweisen. Die Ergebnisse der Relativitätstheorie können wie alle einzelwissenschaftlichen Ergebnisse, weder Beweise *für* noch *gegen* eine positivistische Philosophie erbringen (und das gilt auch für jede sonstige philosophische Lehre). Die Relativierung der Raum-Zeit-Messung bedeutet keine Relativierung der Erkenntnis. Ja die Relativitätstheorie hat trotz ihres Namens auch im Physikalischen, auf das sie sich ja allein bezieht, unsere Kenntnis nicht relativiert, das Absolute nicht aus der Welt geschafft, „sondern es ist nur weiter rückwärts verlegt worden, und zwar in die Metrik der vierdimensionalen Mannigfaltigkeit, welche daraus entsteht, daß Raum und Zeit mittels der Lichtgeschwindigkeit zu einem einheitlichen Kontinuum zusammengeschweißt werden. Diese Metrik stellt etwas von jeglicher Willkür abgelöstes Selbständiges und daher Absolutes dar" (PLANCK 1933, S. 145). „Wahrhaft invariant sind niemals irgendwelche Dinge, sondern immer nur gewisse Grundbeziehungen und funktionale Abhängigkeiten, die wir in der symbolischen Sprache unserer Mathematik und Physik in bestimmten Gleichungen festhalten" (CASSIRER, S. 40).

Noch abwegiger ist es natürlich, wenn vom philosophischen Standpunkt aus Einwände gegen die Ergebnisse der Relativitätstheorie erhoben werden oder sie aus philosophischem Grunde sogar vollkommen verworfen wird. Das bedeutet einen Übergriff der Philosophie in Gebiete, in denen ihr kein Recht zusteht, und in denen nur die Einzelwissenschaften selbst die Entscheidung zu treffen haben. Es ist übrigens bezeichnend für derartige Übergriffe, daß sie von den verschiedensten philosophischen Schulen aus unternommen wurden, nicht nur von kantisch-orientierten, sondern auch von positivistisch und ontologisch eingestellten Philosophen.

Dagegen ist nicht zu leugnen, daß mit der Relativitätstheorie gewisse erkenntnistheoretische Schwierigkeiten aufgetaucht sind, die weniger für den Positivismus als für den kantischen Apriorismus gelten. Es ist der Widerspruch zu KANTs Lehre von der *reinen Anschauung*, nach der Raum und Zeit apriorische Formen des Anschauens sind. Dieser Widerspruch läßt sich jedoch nicht durch die einfache Alternative erledigen, wie sie REICHENBACH (1920) aufgestellt hat: „Entweder ist die KANTsche Philosophie oder die EINSTEINsche Theorie unrichtig". Es kann sich vielmehr nur darum handeln, KANTs eigene zu enge, tatsächliche Auffassung des Apriorischen in seiner transzendentalen Ästhetik (die, wie schon früher hervorgehoben, stark durch die NEWTONsche Physik beeinflußt ist, so daß KANT selbst nicht zu voller Klarheit gekommen war) im Sinne seiner eigenen apriorischen Prinzipien zu modifizieren und zu reinigen. Führt man dies durch, dann ist KANTs Apriorismus von Raum und Zeit (als apriorische Prinzipien der Erkenntnis) mit der Relativitätstheorie nicht nur verträglich, sondern diese empfängt gerade hieraus ihre beste Rechtfertigung. Das haben von neukantianischer Seite CASSIRER und ELSBACH (weniger überzeugend SELLIEN), von einem mehr realistischen, aber am KANTschen Apriorismus festhaltenden Standpunkt WINTERNITZ überzeugend dargetan. Mit WINTERNITZ kann man zwar nicht irgendwelche speziellen Gesetze der Zeit- oder Raumordnung, wohl aber den allgemeinsten *Grundsatz der Zeitlichkeit und Räumlichkeit alles Wirklichen* als apriorische Voraussetzung der Naturwissenschaft ansprechen. Raum und Zeit gehen nur als das *unanschauliche apriorische Ordnungsschema* in die Physik ein. Auch der Physiker v. LAUE vertritt diesen Standpunkt, wenn er sagt: „Darin liegt gerade die Kühnheit und die hohe philosophische Bedeutung des EINSTEINschen Gedankens, daß er mit dem hergebrachten Vorurteil einer für alle Systeme gültigen Zeit aufräumt. So gewaltig die Umwälzung auch ist, zu welcher er unser ganzes Denken zwingt, so liegt doch nicht die mindeste erkenntnistheoretische Schwierigkeit in ihm. Denn die Zeit ist wie der Raum in KANTs Ausdrucksweise eine reine Form unserer Anschauung, ein Schema, in welches wir die Ereignisse einordnen müssen, damit sie im Gegensatz zu subjektiven, in hohem Maße zufälligen Wahrnehmungen, objektive Bedeutung gewinnen. Diese Einordnung kann nur auf Grund der empirischen Kenntnis der Naturgesetze vollzogen werden." Daß, um zur logischen Allgemeinheit dieser Idee vorzuschreiten, manche vertrauten Bilder der Vorstellung geopfert werden müssen, kann nicht befremden; — „aber die reine Anschauung KANTs kann man hierdurch nur betroffen glauben, wenn man sie selbst als bloßes Bild mißversteht, statt sie als konstruktive Methode zu begreifen und zu würdigen" (CASSIRER, S. 84). Und in diesem Sinne sind, wie ich glaube, die scheinbaren Widersprüche zwischen den Ergebnissen der Relativitätstheorie und dem richtig verstandenen Apriorismus beseitigt. Nicht KANTs aprioristische Auffassung von Raum und Zeit ist durch die Relativitätstheorie widerlegt, sondern NEWTONs Lehre vom absoluten physikalischen Raum und der absoluten physikalischen Zeit.

Dagegen nötigt die EINSTEINsche Theorie zur Aufgabe der KANTschen Lehre von der Geometrie und ihrer Grundlage für die empirische Wirklichkeit, die er in der transzendentalen Ästhetik durch die Lehre des Raumes als reine Anschauung bewiesen oder erklärt zu haben glaubte. Für KANT war die Geometrie und die empirische Wirklichkeit euklidisch. Daß für die Wirklichkeit, für die Physik nur die euklidische dreidimensionale Geometrie gültig sein könne, das stand für ihn fest, wie dies auch noch heute jedem Menschen als evident erscheint. Diese Evidenz von der „reinen" Anschauung aus zu beweisen oder wenigstens zu erklären, unternahm er in der transzendentalen Ästhetik. Die EINSTEINsche Theorie ergab aber, daß diese Annahme nicht richtig ist. „Die durch Messung zu ermittelnden geometrischen Eigenschaften der Körper, die Gesetze des „metrischen" Feldes, sind genau solche physikalische, empirisch zu bestimmende Tatsachen wie etwa die elektrischen Eigenschaften und die Gesetze des elektrisches Feldes" (WINTERNITZ S. 201). Hier müssen tatsächlich die gewohnten Bilder geopfert und auch mit der KANTschen Lehre gebrochen werden, aber das bedeutet nur einen Bruch mit einer Lehre, die mit dem *Prinzip des KANTschen a priori* selbst in Widerspruch steht; und dieser

Bruch ist ganz im Sinne der folgerichtigen Entwicklung nicht nur der physikalischen, sondern auch der philosophischen Entwicklung der neueren Zeit. Schon der Neukantianismus hatte Kritik an der KANTschen Auffassung von Raum und Zeit als Kategorien der *reinen Anschauung* geübt und darauf hingewiesen, daß reine Anschauungen nicht vom *reinen Denken* unterschieden werden können. Und nun zeigte sich, daß der anschaulich vorgestellte Raum von den anderen empirisch sinnlichen Anschauungen nichts wesentlich Verschiedenes ist, sondern immer nur ein Abklatsch des Gesichts- oder Tastraumes oder einer Mischung von beiden. Wohl kommen wir rein anschaulich um die Evidenz der Dreidimensionalität, der euklidischen Beschaffenheit dieses unseres Gesichts- oder Tastraumes nicht herum, aber das ist eben keine Evidenz für unser Denken, sondern für die Anschauung, und sie verliert daher wie jedes sinnlich Anschauliche ihren apriorischen Charakter und ihre apriorische Bedeutung. Für unsere Erfahrung und Erkenntnis bleibt eben nur die Apriorität von Raum und Zeit in dem oben bereits genannten Sinne als *unanschauliches Ordnungsschema* erhalten.

b) Kausalität (Quantenphysik).

Die Relativitätstheorie war infolge ihrer vielfachen Umformungen des Bedeutungsinhaltes eingewurzelter physikalischer Begriffe als revolutionär empfunden worden. In Wirklichkeit bedeutet sie aber nur eine Modifikation der alten klassischen Physik, ja in vieler Hinsicht geradezu ihre Vollendung und Krönung. Die Einführung der *Quantenhypothese* dagegen, die PLANCK mit der Aufstellung des elementaren Wirkungsquantums begründet hatte, führte geradezu zu einer Durchbrechung der klassischen Physik. Während in der ganzen bisherigen Physik das Kontinuitätsprinzip als die allgemeine Grundlage allen physikalischen Geschehens galt, trat mit der Aufstellung des PLANCKschen Wirkungsquantums zum erstenmal die Behauptung auf, daß das Geschehen der Welt *diskontinuierlich* sich abspielt. Sie besagt, daß bei der Emission und Absorption von Strahlen (optischen und elektromagnetischen Wellen) die Energie von der Materie nur in ganzen, ungeteilten *Quanten* abgegeben und aufgenommen wird, wobei die Größe der Energiequanten (E) proportional der Frequenz der Strahlung (v) ist ($E = h \times v$). Der Proportionalitätsfaktor, das PLANCKsche Wirkungsquantum h, hat sich als eine universelle Konstante erwiesen, die weit über den Bereich hinaus gilt, in dem sie PLANCK zuerst entdeckt hat. Die Quantentheorie erwies sich als ungemein fruchtbar und zeigte sich im weiteren Verlauf der Forschung auf vielen Gebieten der Physik (besonders bei vielen optischen, elektrischen und vor allem chemischen Gesetzlichkeiten) der klassischen Physik gegenüber weit überlegen. Das Auftreten diskontinuierlicher Wirkungen in der Natur in so weiter Verbreitung war an sich zwar ungewohnt, aber nicht widerspruchsvoll, doch ergab sich weiterhin ein unüberwindlicher Bruch mit der klassischen Physik, und dieser Bruch und Widerspruch läßt sich nicht beseitigen. Denn während sich in der Optik gewisse Vorgänge nur im Sinne der Quantentheorie (z. B. Emission und Absorption der Strahlung nur im Sinne der alten, seit langer Zeit aufgegebenen NEWTONschen Emanationstheorie) unter Verwendung des korpuskulären Bildes darstellen ließen, blieb auf anderen Gebieten (vor allem bei den Interferenzerscheinungen) die Darstellung mittels der Quantentheorie unmöglich, ja, die Anwendung der Quantenphysik führte hier direkt zu falschen, den Erfahrungen widersprechenden Ergebnissen. Diese Erscheinungen lassen sich nur im Sinne der klassischen Physik unter dem Bilde der Wellenoptik gesetzlich fassen. Dieser anschauliche Widerspruch zwischen korpuskulärer und Wellenvorstellung gilt für die Mechanik genau so wie für die Optik. Damit im Zusammenhang steht die für die Quantenphysik charakteristische HEISENBERGsche Unsicherheitsrelation, nach der die Messung der Geschwindigkeit eines Elektrons um so ungenauer ausfällt, je genauer man die räumliche Lage desselben mißt und umgekehrt.

Zwar gibt es in allen Teilen der Physik keine absolute Genauigkeit der Messungen und demnach auch keine absolute Vorhersage; aber die Messungen ließen sich doch überall wenigstens prinzipiell verfeinern und die Genauigkeit erhöhen, so daß theoretisch angenommen werden konnte, daß sie im Prinzip beliebig der absoluten Genauigkeitsgrenze angeglichen werden können. HEISENBERG zeigte jedoch, daß in der Mikrophysik, im atomaren Geschehen, im Gegensatz zur Makrophysik die Messung der Genauigkeit nicht beliebig verfeinert werden kann, sondern daß ihr hier durch das elementare Wirkungsquantum eine absolute objektive Grenze gesetzt ist.

Die Quantenhypothese hat ihre größte Fruchtbarkeit gerade in der Mikrophysik, auf dem Gebiete des atomaren Geschehens, erwiesen, auf dem Gebiet, auf dem die klassische Physik das so ungemein reichlich vorliegende Material experimenteller Ergebnisse nicht zu erklären vermochte. Das zeigte sich schon an dem ersten großen Ansatz, den NIELS BOHR durch seine Atomtheorie unternommen hatte. Dieselbe hat allerdings trotz ihrer großen Erfolge nicht ganz zum Ziele geführt, weil in ihr neben den Begriffen der Quantenphysik solche der klassischen Physik Verwendung fanden. Die Lösung erfolgte später gleichzeitig (unabhängig voneinander) durch HEISENBERGs Quantenmechanik und die SCHRÖDINGERsche Wellenmechanik. Während erstere unter Verzicht auf jegliches anschauliche Moment die Erscheinung in der Mikrophysik widerspruchslos durch die sog. Matrizenmathematik gesetzlich darzustellen vermochte, geschah dies in der SCHRÖDINGERschen Wellenmechanik durch Verwendung wellenphysikalischer Anschauungen. Doch zeigte sich, daß beide Formulierungen mathematisch prinzipiell identisch sind. Durch die Ersetzung der korpuskulären Vorstellung der Elektronen und Photonen durch Wellenpakete, die aber auch nur eine Art *„Ladungswolke"* darstellen, wird der anschauliche Gegensatz zwischen korpuskulärer und Wellenvorstellung teilweise überwunden. Die experimentell festgestellten Ergebnisse der Mikrophysik lassen sich in dieser Theorie als eine einheitliche mathematische Gesetzlichkeit darstellen. Diese Gesetzlichkeit gilt jedoch nicht für die Vorgänge an einzelnen Elektronen und Photonen, sondern gibt nur für eine größere Summe solcher Elementarbestandteile das durchschnittliche Verhalten an. Unter Verzicht auf den strengen Determinismus, auf die genaue Feststellbarkeit des Einzelgeschehens wird aber das durchschnittliche Verhalten mathematisch erfaßbar und vorausberechenbar. Aber in dieser Wellenmechanik hat das Wort *Welle* keinen anschaulich, sinnlich vorstellbaren Charakter mehr, sondern ist nur Symbol für eine mathematisch formulierte Konstruktion. „Der Name Welle, so anschaulich und passend er gewählt ist, darf uns nicht darüber hinwegtäuschen, daß die Bedeutung dieses Wortes in der Quantenphysik eine ganz andere ist als früher in der klassischen Physik. Dort bezeichnet eine Welle einen bestimmten physikalischen Vorgang, eine sinnlich wahrnehmbare Bewegung oder ein der direkten Messung zugängliches Wechselfeld. Hier bezeichnet sie nur gewissermaßen die Wahrscheinlichkeit für das Bestehen eines gewissen Zustandes" (PLANCK 1933, S. 248).

Auch durch diese neueste Entwicklung der Quantentheorie ist der oben genannte Widerspruch zwischen Quantenphysik und klassischer Physik, der in dem Gegensatz von Korpuskel und Welle anschaulich entgegentrat, nicht überwunden. Jedenfalls bestehen noch allerhand unbeantwortete Fragen und Widersprüche. Es wäre auch mit der Möglichkeit zu rechnen, daß unsere Erkenntnis hier tatsächlich an eine irrationale Grenze stößt, was sich aber dann nicht sicher wird entscheiden lassen[1]. Andererseits ist damit zu rechnen, daß die rein symbolisch mathematische Deutung der Wellenmechanik, in der dem Begriff „Welle" jede sinnlich anschauliche Bedeutung fehlt, tatsächlich den Beginn der Lösung des Problems bedeutet. Auch diese Lösung wäre ganz im Sinne der gesamten Entwicklung der Physik, d. h. der Ausschaltung alles Sinnlichen

---

[1] Diese irrationale Grenze kommt auch in der BOHRschen *Komplementaritäts*lehre zum Ausdruck. Wenn, wie das im atomaren Geschehen der Fall ist, das Meßergebnis durch den Meßvorgang beeinflußt wird, so werden nach BOHR die raum-zeitliche und die kausale Betrachtung komplementär; d. h. da Raum- und Zeitmessung vom Messungsvorgang abhängig ist, so ist eine eindeutige Definition des Zustandes des Systems nicht mehr möglich, und es könne daher nicht mehr von Kausalität im gewöhnlichen Sinne die Rede sein. „Nach dem Wesen der Quantentheorie müssen wir uns also damit begnügen, die Raum-Zeit-Darstellung und die Forderung der Kausalität, deren Vereinigung für die klassischen Theorien kennzeichnend ist, als komplementäre, aber einander ausschließende Züge der Beschreibung des Inhalts der Erfahrung aufzufassen, die die Idealisation der Beobachtungs- bzw. Definitionsmöglichkeiten symbolisieren" (N. BOHR 1928, S. 245). Die Komplementarität findet ihren Ausdruck in den beiden sich widersprechenden Theorien der Optik, der Wellentheorie und Emissions- (Lichtquanten-) Theorie. Beide Theorien haben recht, wobei jedoch die Wellentheorie dem Bedürfnis nach raumzeitlicher Erfassung, die Quantentheorie dem nach kausaler Erfassung entspricht.

durch das konstruktive Denken, das hier eventuell eine widerspruchslose Lösung in abstrakter, symbolisch-mathematischer Sprache geben kann, während die mit anschaulichen Elementen behaftete Fassung der Gesetzmäßigkeiten der Mikrophysik zu Widersprüchen führt. Eine Entscheidung dieser Frage wird wohl nur die weitere Klärung des Substanzproblems bringen können.

Die Entwicklung der modernen Quantenphysik hat teilweise zu noch weiter reichenden erkenntnistheoretischen Folgerungen geführt als die Relativitätstheorie. Nicht nur positivistisch und empiristisch eingestellte Philosophen, sondern auch einige der führenden Physiker selbst ziehen aus der HEISENBERGschen Unsicherheitsrelation und dem rein statistischen Charakter der Wellenmechanik die Folgerung, daß die Grundlage der gesamten bisherigen Physik, die *allgemeine Gültigkeit des Kausalgesetzes, fallen gelassen werden müsse* und durch eine mehr lockere Gesetzlichkeit, eine wahrscheinlichkeitstheoretische, zu ersetzen sei. Das Kausalgesetz sei leer (BORN), seine Ungültigkeit definitiv festgestellt (HEISENBERG[1]). Es erhebt sich die Frage, ob diese weittragende erkenntnistheoretische Schlußfolgerung berechtigt ist.

Was zunächst die HEISENBERGsche Unsicherheitsrelation anlangt, so findet sie dadurch ihre Erklärung, daß die in der Makrophysik zwar nicht streng gültige, aber hier *zulässige Annahme*, daß der Messungsvorgang die Messungsergebnisse nicht beeinflußt und keinen kausalen Eingriff in den zu messenden Vorgang bedeutet, im Gebiet der Mikrophysik nicht zutrifft. Die genaue Bestimmung der Lage eines Elektrons ist mit einem so starken Eingriff in seinen Bewegungszustand verbunden, und umgekehrt die genaue Messung der Bewegungsgröße (Impuls) erfordert eine so lange Zeit, daß im ersten Fall die Geschwindigkeit des Elektrons gestört, im zweiten seine Lage im Raum verwischt wird. Das gibt, wie PLANCK u. a. richtig hervorgehoben haben, eine *Kausalerklärung der Ungenauigkeitsrelation*. Ja, man kann die Sache geradezu umdrehen und sagen, daß die HEISENBERGsche Unsicherheitsrelation durch die strenge Anwendung der Kausalität als apriorische Voraussetzung jeglicher wissenschaftlichen Erfahrung im Sinne KANTs erarbeitet worden ist. Die Sachlage ist ungefähr die gleiche wie beim Raum- und Zeitproblem. Die Kausalität im richtig verstandenen apriorischen Sinn ist die Voraussetzung jeglicher Naturerkenntnis; sie stellt die grundlegende Kategorie allen Naturerkennens dar. Das besagt nicht, daß die mit Hilfe dieser Voraussetzung ermittelten physikalischen Gesetzmäßigkeiten, die nur in der Erfahrung durch Messungen feststellbar sind, immer streng determinierten Charakter tragen müssen[2]. Die Ein-

---

[1] Die neueren Formulierungen von HEISENBERG sind dagegen so vorsichtig gefaßt, daß sie mit der allgemeinen Geltung der Kausalität als Kategorie, wie sie hier vertreten wird, gut in Einklang zu bringen sind.

[2] Das hängt ganz von der Art des Gebietes (Thermodynamik, Quantenphysik) oder von dem Stand der Forschung auf einem Gebiet ab.

beziehung dieses streng determinierten Charakters der Einzelgesetzlichkeit in den Begriff und die Definition der Kausalität bedeutet ja, wie wir schon früher gesehen haben, eine Übersteigerung des Kausalitätsgedankens als Kategorie, eine Belastung ihres kategorialen Charakters mit inhaltlichen Momenten. Selbst wenn die Aussage der Indeterministen zuträfe, daß mit der Feststellung einer nur statistischen Gesetzmäßigkeit in der Mikrophysik (als der Physik des Elementaren) damit im Prinzip der rein statistische Charakter aller physikalischen Gesetzmäßigkeiten erwiesen sei, so bedeutet das keinen Widerspruch zur allgemeinen Gültigkeit des Kausalgesetzes. Denn auch die statistische Gesetzmäßigkeit der Mikrophysik ist durch die strengste Anwendung des Kausalsatzes in experimenteller und theoretischer Forschung erarbeitet worden[1]. Der Fehler liegt hier in der Gleichsetzung von strenger Determinierbarkeit und strenger Voraussagbarkeit des Einzelgeschehens mit der apriorischen Gültigkeit des Kausalsatzes[2]. Auch die reine Statistik und Wahrscheinlichkeit setzt ihrerseits wieder eine strenge, ihr zugrunde liegende Kausalgesetzlichkeit voraus. Die Wahrscheinlichkeit, daß beim Würfeln, bei genügend großer Zahl der Würfe, die 6 mit der Wahrscheinlichkeit von einem Sechstel herauskommt, setzt doch den homogenen Bau des Würfels und die gleiche Art des Würfelns als die bedingende Gesetzlichkeit voraus; und so ist es bei jeder Wahrscheinlichkeit und Statistik. So findet auch das statistische Gesetz, daß bei einer genügend großen Zahl von Nachkommen bei der F_2-Generation eines monohybriden Bastards zwischen einem roten und einem weißen Löwenmäulchen drei rote auf eine weiße Pflanze auftreten, dadurch seine kausale Erklärung, daß die Verteilung der Erbfaktoren durch die Reduktionsteilung und Befruchtung kausalgesetzlich geregelt

---

[1] So sagt PLANCK: „In dem Weltbilde der Quantenphysik herrscht der Determinismus ebenso streng wie in dem der klassischen Physik, nur sind die benutzten Symbole andere, und es wird mit anderen Rechenvorschriften operiert. Dementsprechend wird in der Quantenphysik ebenso wie früher in der klassischen Physik die Unsicherheit in der Voraussage von Ereignissen der Sinnenwelt reduziert auf die Unsicherheit des Zusammenhanges zwischen Weltbild und Sinnenwelt, d. h. auf die Unsicherheit der Übertragung der Symbole des Weltbildes auf die Sinnenwelt und umgekehrt" (PLANCK, S. 247). Auch andere hervorragende Physiker, wie EINSTEIN, V. LAUE, H. WEYL halten an der strengen Geltung des Kausalsatzes fest.

[2] In prinzipiell gleicher Weise hat in einem Vortrag BR. BAUCH (Zum Problem der Kausalität. Blätter für deutsche Philosophie, 1935. S. 125) den Fehler, der zur Krisis der Fassung und Formulierung der Kausalität geführt hat, herausgestellt. Wie hier von einer *Übersteigerung* und *Überspitzung* des Kausalitätsgedankens in der klassischen Physik, so spricht BAUCH von einer *Überbestimmtheit* der klassischen Formulierung der Kausalität. Auch GRETE HERMANN hat in einem soeben erschienenen Aufsatz in den Naturwissenschaften (1935, S. 718) in klarer Weise auf diese verschiedene Verwendung des Begriffes Kausalität hingewiesen und gezeigt, daß die Quantenmechanik keineswegs das Kausalgesetz widerlegt hat; „aber sie hat es geklärt und von anderen Prinzipien befreit, die nicht notwendig mit ihm verbunden sind" (S. 721).

ist und die Vererbung nach dem gesetzlich festliegenden Dominantentypus vor sich geht[1].

Wenn die Positivisten und Empiristen die Frage nach den der Statistik zugrunde liegenden Gesetzlichkeiten für sinnlos halten, weil sie zur Zeit durch direkte Erfahrungen (Messungen) nicht feststellbar seien, so setzen sie dem menschlichen Erkenntnistrieb künstliche Schranken „dadurch, daß sie von vornherein auf die Aufstellung bestimmter, für Einzelfälle gültiger Gesetze verzichten — ein Grad der Resignation, der so erstaunlich ist, daß man sich fragt, woher es denn kommt, daß der Indeterminismus gegenwärtig so viele Anhänger in sein Lager gezogen hat" (PLANCK, S. 258). Die Gefahr, daß durch eine solche Resignation die weitere Forschung in der Physik eine Hemmung erfahren könnte, braucht allerdings nicht zu hoch angeschlagen zu werden. Liegt doch die Zeit nicht weit zurück, da auch die Atomtheorie von hervorragenden Physikern und Philosophen eine ähnliche Beurteilung erfuhr und abgelehnt wurde aus denselben Gesichtspunkten heraus, aus denen heute die strenge kausale Gesetzlichkeit abgelehnt sowie „die Frage nach der Wahrscheinlichkeit als letzte höchste Aufgabe" hingestellt und „damit der Wahrscheinlichkeitsbegriff zur endgültigen Grundlage der ganzen Physik gemacht wird". Die Benützung des Kausalbegriffs als grundlegendes Erkenntnisprinzip ist durch die jahrhundertelang gepflegte, saubere Methode GALILEIs so fest mit der physikalischen Forschungsarbeit verwurzelt, daß die Physiker, bewußt oder unbewußt, gar nicht anders können, als bei ihren experimentellen und theoretischen Versuchen dieses Erkenntnisprinzip des kausal-funktionalen Denkens zur Anwendung zu bringen. Ist das kausal-funktionale Denken doch die Grundlage des exakt induktiven Verfahrens, dessen sich jeder Physiker bedient, und das nicht umsonst auch als kausal-analytisches Verfahren bezeichnet wird. Und selbst wenn Physiker und empiristisch eingestellte Philosophen den Verzicht auf die strenge Determiniertheit des Geschehens in der Mikrophysik (wie

---

[1] v. LAUE (1936) hat neuerdings in einer Besprechung in den Naturwissenschaften gemeint, daß ich mir die Rettung der Kausalität vor den Anfechtungen mancher Quantenphysiker wohl etwas zu einfach denke, indem ich die Nichtvoraussagbarkeit atomaren Geschehens auf die unendliche Fülle der Kausalbeziehungen zurückführe. Daß durch eine solche Formulierung die Rätsel der Quantenphysik, soweit sie die Kausalität und strenge Determiniertheit der atomaren Vorgänge betreffen, nicht gelöst sind, darin stimme ich v. LAUE vollkommen zu. Das ist auch nicht meine Ansicht, und meine Bemerkung, die das Mißverständnis (wohl infolge ihrer kurzen Fassung) veranlaßt hat, bezieht sich nicht auf die ganze Problematik der Quantenphysik, sondern nur auf den Kausalbegriff, soweit seine allgemeine Bedeutung als kategoriales Forschungsprinzip in der heutigen Physik in Frage gestellt wurde. Nach wie vor scheint mir im Sinne der obigen Ausführungen die Geltung des Kausalsatzes als allgemeines kategoriales Forschungsprinzip auch für die Quantenphysik erwiesen. Daß jedoch andererseits die große Frage nach der strengen Determiniertheit in der Mikrophysik (also die Kausalität nicht in kategorialem, sondern in konkret-physikalischem Sinn) gleich anderen wichtigen Fragen der heutigen Quantenphysik ungelöst ist, glaube ich selbst genügend in meinen Ausführungen betont zu haben, s. besonders S. 25.

seinerzeit MACH und OSTWALD in der Physik den Verzicht auf die Atomtheorie) predigen und die rein statistische Struktur der Ordnung der Welt verkünden, werden andere Physiker sich nicht davon abhalten lassen, ihre ganze Bemühung auf die Feststellung streng determinierter Gesetzlichkeit zu richten, bis vielleicht eines Tages durch ein neues geniales Gedankenexperiment, eine neue Gedankenkonstruktion sich eine solche strenge Gesetzlichkeit auch im atomaren Gebiet trotz der absoluten direkten Meßunmöglichkeit wird aufstellen lassen und die heute unmeßbaren Vorgänge indirekt irgendwie der Messung zugänglich gemacht werden.

c) Materie (Substanz).

Die Kategorien Raum, Zeit und Kausalität mußten infolge der Ergebnisse der neuesten Physik eine andere Fassung erhalten, eine Modifikation und Reinigung ihres Bedeutungsinhaltes war notwendig geworden, die jedoch den tiefsten Intentionen des Apriorismus entsprechen. Dem gegenüber hat die Umwandlung des Bedeutungsinhaltes des *Substanzbegriffes* sich langsam im Laufe der Entwicklung der Physik seit NEWTON und LEIBNIZ vollzogen. Das 17. und 18. Jahrhundert hielt zwar an der substantiellen Auffassung der Materie fest. Der Raum war für die Physik jener Zeit mit gleichgroßen kugligen Atomen erfüllt, welche sich nach den Gesetzen der Mechanik bewegen. Aber schon seit NEWTON ist eine dynamische Umwandlung des Substanzbegriffes im Gange, die bereits in LEIBNIZ einen extremen Verfechter fand. Die Physik des 19. Jahrhunderts hat die alte Substanzvorstellung immer weiter aufgelöst und in der verschiedensten Weise umzuprägen versucht (Energetik, Wirbelatome usw.), wie hier nicht näher ausgeführt werden soll. Nach WEYL schien es sich vor etwa 10 Jahren nur noch darum zu handeln, ob die Substanz durch eine reine *Feldtheorie* oder durch eine *dynamische Agenstheorie* zu ersetzen ist, in der „das Feld, sich selbst überlassen, in einem homogenen Ruhezustand verharrt und nur durch ein anderes, die Materie, den ‚Geist der Unruhe' erregt wird". „Die Materie ist *das felderregende Agens,* das Feld ein extensives Medium, das vermöge seiner in den Feldgesetzen zum Ausdruck kommenden Struktur die Wirkungen von Körper zu Körper überträgt" (WEYL 1927, S. 133). Nach der reinen Feldtheorie der Materie ist „ein Materieteilchen wie das Elektron lediglich ein kleines Gebiet des elektrischen Feldes, in welchem die Feldstärke enorm hohe Werte annimmt, und wo demnach auf kleinstem Raum eine verhältnismäßig gewaltige Feldenergie konzentriert ist. Ein solcher Energieknoten, der gegen das übrige Feld keineswegs scharf abgegrenzt ist, pflanzt sich durch den leeren Raum nicht anders fort wie eine Wasserwelle über die Seefläche fortschreitet; es gibt da nicht ein und dieselbe Substanz, aus der das Elektron zu allen Zeiten besteht. Wie die Geschwindigkeit einer Wasserwelle nicht substantielle, sondern Phasengeschwindigkeit ist, so handelt es sich bei der Geschwindigkeit, mit der sich ein Elektron bewegt, auch nur um die Geschwindigkeit eines ideellen, aus dem Feldverlauf konstruierten „Energiemittelpunktes". Nach dieser Auffassung existiert nur eine einzige Sorte von Naturgesetzen: Feldgesetze jener durchsichtigen Art, wie sie MAXWELL für das elektromagnetische Feld aufstellte" (WEYL 1927, S. 130).

Eine endgültige Entscheidung der von WEYL aufgestellten Alternative hat aber auch die neueste Entwicklung der Quantentheorie, die SCHRÖDINGERsche Wellenmechanik, nicht erbracht, so stark die Quantenphysik für die 1. Alternative spricht. Nach der Quantenphysik sind die letzten physikalischen Elemente (das im Wechsel der Erscheinung „Beharrende") die allgemeinen physikalischen Konstanten, wie das PLANCKsche Wirkungsquantum und die Ladungsgröße des Elektrons, sowie die Erhaltungssätze. Wir stoßen hier wieder, wie in der Quantenphysik überhaupt, auf den Widerspruch von *Korpuskel* und *Welle*. Elektronen und Photonen sind ja nicht widerspruchsfrei in einer Sprache darstellbar, sie haben korpuskulären und Wellencharakter zugleich. Wenn die SCHRÖDINGERsche Wellenmechanik die diskrete Struktur kontinuierlich zu erklären sucht, so dient das Bild der Welle ja nicht, wie wir schon sahen, zur physikalischen Erklärung, sondern es bildet nur den Ausgang zur mathematischen Formulierung, zum mathematischen Symbol, das allein die widerspruchslose Darstellung ermöglicht. „Die neuen Theorien", sagt DIRAC, „gründen sich auf physikalische Begriffe, die, wenn man von dem mathematischen Apparat absieht, sich nicht in Ausdrücken beschreiben lassen, die dem Studenten schon von früher her bekannt sind; ja sie lassen sich überhaupt nicht mit Worten völlig adäquat erklären". Das *Etwas*, das hinter dieser mathematischen Lösung steht, was sie real möglich macht, bleibt allein noch von dem alten Substanzbegriff übrig.

Die Auffassungen der neuzeitlichen Physik über Substanz und Materie haben in erkenntnistheoretischer Hinsicht nicht so revolutionär gewirkt wie die Relativitätstheorie und Quantentheorie hinsichtlich der Kategorien Raum, Zeit und Kausalität. Das rührt daher, daß die Auflockerung und Auflösung des alten Substanzbegriffes schon lange Zeit in der Physik im Gange war. Auch KANT hat die Kategorie der Substanz bereits dynamisch verstanden, und die weitere Auflösung in eine dynamische Agens- oder Feldtheorie geht durch das ganze vorige Jahrhundert bis in die neueste Zeit. Auch das völlige Zusammenwachsen mit dem Kausalbegriff zu einem untrennbaren Zusammenwirken[1] war ja geschichtlich lange vorbereitet. Immerhin sehen wir auch bei der Wandlung des Substanzbegriffs die gleiche folgerichtige Tendenz am Werke, wie wir sie bei Raum und Zeit und Kausalität kennengelernt haben. Die mit physi-

---

[1] In dem Wort „*Wirkungsquantum*" kommt dieses Zusammensein von Substanz und Kausalität gut zum Ausdruck.

kalischem Inhalt erfüllte Bestimmung der Substanz wird zu einem völlig unanschaulichen, nur mathematisch faßbaren „Etwas", das dem ewig *Seienden* der *Eleaten* und dem ewig *Werdenden Heraklits* zugleich zugrunde liegt. Es ist die gleiche Tendenz der Entäußerung alles Anschaulichen, alles Anthropomorphen, wie überall in der Physik seit GALILEI. Die Substanz als Kategorie muß andererseits wie Raum, Zeit und Kausalität auch von allem objektiven Inhalt befreit und gesäubert, nur als die *reine* Denkform gefaßt werden, die unserem Verstand gestattet, als „Grundsatz der Beharrlichkeit", jedoch in untrennbarem Wirkungszusammenhang mit anderen Kategorien, vor allem der Kausalität, das „Beharrliche" und „Wandelbare" der Naturwirklichkeit zugleich als unanschauliche vierdimensionale Raum-Zeit-Welt widerspruchsfrei zu erkennen.

Ich schließe dieses Kapitel mit den Schlußsätzen, mit denen WEYL vor mehr als 10 Jahren (1924) einen Aufsatz über Materie geschlossen hat, und die mir auch heute noch zu gelten scheinen: „Was ist Materie? — Nach der Vernichtung der Substanzvorstellung schwankt heute die Waage zwischen der dynamischen und der Feldtheorie der Materie. Eine Antwort in wenigen Worten läßt sich nicht geben und wird sich niemals geben lassen; das bedeutet aber kein ignorabimus. Wir werden um so besser wissen, was die Materie ist, je vollständiger wir die Gesetze des materiellen Geschehens erkannt haben werden, und auf etwas anderes kann diese Frage überhaupt nicht zielen. Alle Begriffe und Aussagen einer theoretischen Wissenschaft, wie es die Physik ist, stützen sich gegenseitig. Statt vor eine kurze endgültige Formel, die man schwarz auf weiß nach Hause tragen kann, stellt uns diese Frage wie alle Fragen grundsätzlicher Art vor eine unendliche Aufgabe."

Überblickt man die Entwicklung der Physik in den letzten Jahrzehnten, so tritt deutlich hervor, daß wir mitten drin stehen in einer Periode ungemeiner Fruchtbarkeit und eines sich geradezu überstürzenden Fortschrittes. Und diese fruchtbare Entwicklung verdanken wir nicht einem sorgfältigen, nur auf Beobachtbares beschränkten Registrieren und Beschreiben im Sinne des engen Empirismus, sondern kühnsten Konstruktionen des Denkens, verbunden mit der folgerichtigen Ausscheidung alles Anschaulich-Sinnlichen, alles Anthropomorphistischen aus den Formulierungen der physikalischen Gesetze und Theorien, mit anderen Worten der völligen Rationalisierung der Erscheinungswelt. *Triumph des Denkens über die Sinnlichkeit:* dieses Wort kennzeichnet vielleicht am treffendsten das Wesen der neuen Physik.

Wenn man das Zustandekommen und die Methode der gedanklichen Konstruktionen in der neuen Physik sich klar macht, dann gelangt man mit Erstaunen zur Einsicht, welch wunderbare prästabilierte Harmonie zwischen den abstrakten Konstruktionen unseres Denkens einerseits und den sich unseren Sinnen darbietenden Erscheinungen andererseits besteht, eine Harmonie, die uns gestattet, die verwirrende Mannigfaltigkeit der letzten in einige allgemeine Sätze von abstrakter mathematischer Beschaffenheit einzufangen.

III. Philosophie der Biologie.

> „Die Macht der Naturwissenschaft liegt nicht zum wenigsten darin begründet, daß sie verzichtete, ein ‚System der Natur' in einem Zuge zu entwerfen, sondern sich mit unendlicher Geduld zu den kleinen Einzelfragen herabließ, diese aber einer restlosen Analyse zuführte." H. WEYL (1927): Philosophie der Naturwissenschaften, S. 107.

a) Kausalität und Teleologie (Ganzheit).

In der Biologie gelten die gleichen Forschungsmethoden wie in der Physik, also die generalisierende und exakte Induktion, die vergleichende und experimentelle Methode. Andere Methoden gibt es auch hier nicht. Während aber in der Physik die exakte Induktion das Feld ganz beherrscht und die vergleichende Methode so stark in den Hintergrund gedrängt erscheint, daß sie meist unbeachtet bleibt, ist es in der Biologie insofern umgekehrt, als bis vor wenigen Jahrzehnten hier die vergleichende Methode die allgemein herrschende war. Alle großen Fortschritte der neueren Biologie seit der Jahrhundertwende sind jedoch nur durch die gleichzeitige Anwendung beider Methoden erzielt worden und möglich gewesen.

Die vergleichende Methode führt in der Biologie zunächst nur zu richtigen Kennzeichnungen; aber die dadurch gewonnenen grundlegenden Klassifikationsbegriffe, wie sie die tierische und pflanzliche Systematik und vergleichende Morphologie liefern, sind nicht nur, wie wir schon sahen, bequeme Ordnungsmittel zur Registrierung der Mannigfaltigkeit, sondern in ihnen kommt zugleich trotz aller Mängel und Unzulänglichkeiten ein hoher Gehalt innerer Gesetzmäßigkeiten objektiv zum Ausdruck. Im weiteren Verlauf der Arbeit leitet aber die generalisierende Induktion immer zu kausalfunktionalen Problemstellungen über und kann sogar zu umfassenden, allgemeinen kausalfunktionalen Theorien führen wie die Zelltheorie und die Deszendenztheorie, die beiden großen biologischen Theorien des 19. Jahrhunderts, zeigen. Aber die generalisierende Induktion allein kann für die mit ihrer Hilfe aufgestellten synthetischen Theorien immer nur eine mehr oder minder große Wahrscheinlichkeit beibringen; sie vermag sie nie sicher zu beweisen, und gerade wegen dieses Mangels der genügenden Sicherstellung schießt sie sehr oft in der Theorienbildung weit über das Ziel. Erst die Prüfung solcher Theorien durch Experimente mittels der kausalanalytischen Methode vermag größere Sicherheit in die Theorie zu bringen und ermöglicht schließlich ihre endgültige Begründung. So war z. B. die Chromosomentheorie der Vererbung bei Beginn des Jahrhunderts besonders durch die Arbeiten BOVERIs sehr wahrscheinlich geworden, doch wurde sie noch lange Zeit von anderen Forschern aufs heftigste bekämpft, was bei ihrer alleinigen Begründung durch generalisierende Induktion erklärlich und zum Teil berechtigt war. Heute ist diese Theorie durch die Verknüpfung mit der experimentellen Vererbungslehre nicht nur vollkommen sichergestellt (haploide Vererbung, Faktorenaustausch), sondern es sind darüber hinaus die intimsten Aufschlüsse über die Lage und lineare Anordnung der Erbfaktoren in den einzelnen Chromosomen nachgewiesen (MORGAN und Mitarbeiter, STERN, neuerdings PAINTER)[1].

Ähnlich lagen die Verhältnisse bei den Theorien der Evolution. Die älteren Lösungsversuche, der darwinistische wie der lamarckistische, haben in der Literatur eine Unmasse von Diskussionen hervorgerufen, ohne daß eine wesentliche Klärung erzielt werden konnte, weil alle diese theoretischen Bemühungen nur mittels generalisierender Induktion versucht wurden bei zu geringer Analyse der Sachverhalte. Mit Aufkommen der experimentellen Vererbungslehre stand man zunächst all diesen Versuchen kritisch und resigniert gegenüber. Der lamarckistische kann ja auch wohl heute durch die tausendfachen Experimente der Vererbungswissenschaft als widerlegt gelten, während der darwinistische heute auch von seiten der Vererbungsforschung weitgehende Bestätigung gefunden hat. Aber die DARWINsche Selektionstheorie vom Überleben des Passendsten im Kampf ums Dasein erklärte ja nicht die Entstehung neuer Arten, sondern nur das Erhaltenbleiben besser angepaßter, bereits vorhandener, was auch das Experiment bestätigt. Das eigentliche Problem blieb aber auch hier ungelöst. Die Vererbungsforschung der letzten 15 Jahre hat aber auch hier durch das Studium und schließlich die experimentelle Erzeugung von Mutationen neue Wege erschlossen zur Lösung der alten Frage. Nachdem MULLER und GOLDSCHMIDT experimentell die Wege gezeigt haben, wie künstlich Mutationen hervorgerufen werden können, hat schließlich JOLLOS[2] in mehreren aufeinanderfolgenden Generationen experimentell *gerichtete Mutationen* erzeugen können. Ob von hier aus die gerichteten, orthogenetischen Entwicklungsreihen im Tier- und Pflanzenreich allgemein ihre Erklärung finden können, wird erst die weitere Forschung erweisen können. Auf jeden Fall erscheint dieser neue Weg sehr verheißungsvoll, und es ist zum mindesten ein Weg gezeigt, wie dieses große Problem experimentell angepackt und seiner kausalen Erklärung entgegengeführt werden kann.

Wie an diesen beiden Beispielen ersichtlich, so hat sich in den letzten 30—40 Jahren auf fast allen wichtigen Gebieten der Biologie ein Umschwung vollzogen. Man hat Abstand genommen von den übersteigerten, allgemeinen Theorien mittels rein generalisierender Induktion und hat sich mit engeren Fragestellungen begnügt, diese in geduldiger, zäher experimenteller Arbeit kausalanalytisch zu klären versucht und so einmal

---

[1] Zusammenfassende Darstellung von STERN (1932) und PÄTAU (1935) in den Naturwissenschaften.

[2] JOLLOS (1931 und 1933).

zunächst sichere Grundlagen für umfassendere Theorien erarbeitet. Daß aber gerade bei einer solchen methodologischen Haltung nicht nur eine Menge völlig unerwarteter und dabei gesicherter neuer Erkenntnisse gewonnen werden, sondern nach und nach auch große synthetische, auf sicherer Basis ruhende Theorien erarbeitet werden können, läßt die neue Chromosomentheorie der Vererbung erkennen.

Wenn somit die exakte Induktion, die experimentelle Methode sich auch in der Biologie als die tiefer schürfende und zugleich auch fruchtbarere und erfindungsreichere bewährt hat, so kann und darf das nicht zu einer Herabsetzung der vergleichenden Methode führen. Gerade in der Biologie würde eine solche Entwertung dieser Methode sich als besonders verhängnisvoll erweisen, weil dann die experimentelle Methode ziellos würde. Eine so komplexe Wissenschaft wie die Biologie bedarf in besonderem Maße zunächst bei jedem Fortschritt immer wieder der rein phänomenologischen Betrachtung der einzelnen Systeme, Strukturen, Vorgänge usw., um auf diesem Wege zunächst einmal die Wesenszüge derselben herauszustellen. Erst auf dieser Basis können die leitenden Hypothesen und richtigen Problemstellungen gewonnen werden und eine wirklich ersprießliche Anwendung der experimentellen Methode erfolgen. Die vergleichende und die experimentelle Methode, die generalisierende und die exakte Induktion sind für die biologische Forschung *gleich notwendig*, da nur *beide zusammen* den Fortschritt der Erkenntnis gewährleisten. Beide sind aber logisch gegründet auf die Kategorie der Kausalität oder Gesetzlichkeit als die Kategorie, die den funktionalen Zusammenhang der Erscheinungen herstellt und bedingt.

In der neueren Literatur über theoretische Biologie finden sich nun hinsichtlich der *Kausalität* einige schwerwiegende Mißverständnisse, auf die hier kurz eingegangen sei. Manche vitalistisch oder organismisch eingestellte Theoretiker vertreten unter Berufung auf die moderne Atomphysik die Meinung, daß die Kausalforschung als entscheidendes oder gar alleiniges Forschungsprinzip in der Biologie um so weniger anzuerkennen sei, als ja die Physik selbst im Gebiet des Atomaren das Kausalitätsprinzip aufgegeben habe. Wir haben schon bei der Behandlung der Atomphysik gesehen, daß es sich hier um eine Verwechslung des Kausalprinzips als allgemein geltender Kategorie mit dem Nachweis eines streng determinierten Geschehens im Einzelfall und der strengen Vorausberechenbarkeit desselben handelt. Auch die statistische Gesetzlichkeit der Mikrophysik ist, wie oben ausgeführt wurde, nur durch die strenge Anwendung der Kausalitäts- oder Gesetzeskategorie in kausalanalytischer Arbeit (exakte Induktion) gewonnen worden, und die Geltung der Kausalität als der funktionalen Gesetzeskategorie bleibt ungemindert bestehen. Sie ist die Voraussetzung und Grundlage der beiden Methoden der Induktion, durch deren Anwendung allein die neuen physikalischen Anschauungen erarbeitet worden sind. Wie schon an früherer Stelle ausgeführt, haben aber gerade die Kausalgesetze in der Biologie überhaupt nicht den streng mathematischen

Charakter wie die Gesetze der Physik, sondern sie sind meist nur von qualitativ kausaler Beschaffenheit, trotzdem sind sie vielfach streng determiniert. Es sind in physikalischem Sinne makroskopische Gesetze. So sind z. B. die statistischen Vererbungsregeln durch ein streng determiniertes Verhalten der Chromosomen bei der Befruchtung und Reduktionsteilung bedingt, wenn auch die gesetzmäßige Aufspaltung nur statistisch erfaßbar und die Vorausberechnung von Einzelfällen nicht möglich ist[1].

Um eine Übertragung der „akausalen" Physik auf die biologischen Probleme handelt es sich auch bei der von P. JORDAN als sog. Verstärkertheorie der Organismen näher ausgeführten Auffassung, daß den Lebensprozessen akausale, mikrophysikalische Vorgänge zugrunde liegen, die die makrophysikalischen Reaktionen im Organismus dirigieren, so daß auch diese im Gegensatz zu den Makroprozessen im Anorganischen akausal seien. Nach dieser Auffassung sollen „die Organismen mikrophysikalische und nicht makrophysikalische Systeme sein". Diese Behauptung JORDANs, daß „für die Erforschung der zentralen Reaktionen des Organismus nur die Mikrophysik die physikalischen Unterlagen bieten könne", ist nicht durch die geringste biologische experimentelle Tatsache bewiesen, und die Gründe, die JORDAN (1932, 1934) dafür im einzelnen anführt, sind alle nicht stichhaltig, wie BÜNNING (1935) überzeugend dargetan hat. Wohl können z. B. bei der Photosynthese nach den Untersuchungen von WARBURG (Photosynthese und Zellatmung sind bisher die am eingehendsten analysierten grundlegenden Stoffwechselvorgänge) vier Quanten ein Molekül Kohlensäure reduzieren, also fraglos atomare Vorgänge im Biologischen eingreifen, aber die dadurch bewirkten molekularen Umsätze, die Reduktion der Kohlensäure und die Synthese von Zucker, sind streng determinierte kausale Molekularveränderungen, also Vorgänge makrophysikalischer Art. Über die physikalisch-chemischen Vorgänge bei Sinneswahrnehmungen und Reizleitungen wissen wir zur Zeit überhaupt nichts Näheres, und es ist müßig, darüber mikrophysikalische Erwägungen anzustellen. Bei der Reizleitung von Pflanzen, wo die Analyse erheblich weiter vorgedrungen ist, spielen sie sicher keine Rolle, worauf auch BÜNNING (1935) eingehend hingewiesen hat. Die Heranziehung der Vererbungserscheinungen von JORDAN für seine Theorie beruht auf einem Mißverstehen der statistischen Vererbungsgesetze. Bei der Vererbung vollzieht sich, wie schon oben ausgeführt wurde, das ganze Geschehen erst recht im Makrophysikalischen, und die Vererbungsvorgänge lassen sich streng kausal auf verhältnismäßig grob mechanische Vorgänge zurückführen, wie die neueste Entwicklung der Chromosomentheorie der Vererbung durch Analyse der Chromosomen der Speicheldrüsenkerne von Drosophila eindrucksvoll gezeigt hat. Die

---

[1] Bei haploider Vererbung ist sogar durch die sog. Tetraden- oder Gonenanalyse eine weitgehende Vorausbestimmbarkeit von Einzelfällen möglich. Bei Monohybridismus kann z. B. vorausgesagt werden, daß von den 4 Abkömmlingen einer einzigen Zygote 2 die Eigenschaften des einen Elter, 2 die des anderen zeigen werden.

mikrophysikalische Verstärkertheorie der Organismen ist mithin unbegründet und in hohem Maße unwahrscheinlich[1].

Ein zweites Mißverständnis bezieht sich auf die bei Vitalisten wie Mechanisten weitverbreitete Gleichsetzung von kausalgesetzlichen (-mechanistischen) mit physikalisch-chemischen Gesetzlichkeiten in der Biologie. Die Biologie ist keine angewandte Physik und Chemie, sondern eine selbständige Wissenschaft, die nicht nur ihre eigenen Objekte, sondern auch ihre besonderen Gesetze aufweist. Dieser von v. UEXKÜLL, HALDANE und anderen vitalistisch oder organismisch eingestellten Autoren stark betonten Ansicht kann nur zugestimmt werden, sie wird auch von vielen mechanistisch eingestellten Forschern seit langem vertreten. Die Biologie gehört zu den idiographisch-systematischen Naturwissenschaften, deren Aufgabe im Gegensatz zur Physik nicht in der Ermittlung der allgemeinen Grundgesetzlichkeiten, sondern der Ermittlung der *spezifischen Gesetze der Komplizierung* besteht, die das Wesen der besonderen, individualisierten Naturkörper bestimmen. Das gilt aber nicht nur für die Biologie, sondern auch für alle jene Naturwissenschaften, die sich mit den besonderen nichtlebenden Naturgebilden beschäftigen und gleichfalls als idiographische zu bezeichnen sind (Chemie, Kristallographie usw.). Wenn die physikalischen Gesetze natürlich unbedingt auch im Organischen ihre Geltung besitzen, so sind *die biologischen Kausalgesetzlichkeiten doch in erster Linie Gesetze der spezifischen Komplizierung*, sei es analysierter, physikalischer oder unanalysierter, in sich noch komplexer, aber einfacherer Systeme, und es ist für die Kausalforschung auf biologischem Gebiet nicht einmal von vornherein ausgemacht, ob die Auflösung dieser Innenglieder in physikalisch-chemisches Geschehen restlos möglich sein wird[2]. So stellt die

---

[1] Vgl. dazu auch die kritische Stellungnahme von SCHLICK (1935) und ZILSEL (1935).

[2] BAVINK (1934, S. 29) meinte in einer Besprechung einer früheren methodologischen Abhandlung (HARTMANN 1933: „Die methodologischen Grundlagen der Biologie"), daß diese Auffassung von mir „tatsächlich genau das sei, was er als ‚organische Biologie' fordere und was BERTALANFFY sowie HALDANE und MEYER auch wollen". Weder BERTALANFFY noch HALDANE und MEYER noch er selber hätten bestritten, daß die von mir geforderte exakte Kausalanalyse solcher „Ganzheitsbeziehungen" in keiner Weise durch den Aufweis dieser Ganzheit überflüssig gemacht wird. Das trifft, wie ich ohne weiteres anerkenne, für BAVINK und neuerdings auch für BERTALANFFY (nicht ganz nach seinen früheren Publikationen) und teilweise auch für HALDANE zu. (Ich habe BAVINK selbst daher auch nicht in diesem Zusammenhang genannt.) Daß aber bei A. MEYER, ALVERDES und anderen neueren biologischen Ganzheitstheoretikern tatsächlich eine „faule Teleologie" herrscht und der Ganzheitsbegriff als „Lückenbüßer" zur „Erklärung" ungenügend oder schlecht analysierter Erscheinungen herhalten muß, das wird wohl auch BAVINK heute zugeben. Die große Gefahr, die diese oberflächliche Theorienbildung für die gedeihliche Entwicklung der Wissenschaft und vor allem auch für die Ausbildung unserer wissenschaftlichen Jugend bedeutet, ist den Hochschullehrern nur zu gut bekannt. — Im übrigen ist die obige Formulierung der biologischen Gesetze als *Gesetze der spezifischen Komplizierung* älter als die Formulierung der neueren Ganzheitstheoretiker. Sie stammt nämlich von dem Philosophen NIK. HARTMANN (1912, S. 27), von dem ich sie übernommen und seit Jahrzehnten in meinen Vorlesungen angewandt habe. Diese Auffassung gilt jedoch, wie ich vor längerer

Chromosomentheorie der Vererbung, die in ihrem weiten heutigen Umfang synthetisch verschiedene biologische Gebiete zusammenschließt, eine umfassende kausale (mechanistische) Gesetzlichkeit dar, die in ihrer Sicherheit, ihrer Bedeutung und ihrem Umfang einem Teilgebiet der Physik ebenbürtig zur Seite gestellt werden kann. In diesem großen, ein ungeheueres Tatsachenmaterial erfassenden kausalen Theoriegebäude ist aber von irgendwelchen physikalischen oder chemischen Gesetzlichkeiten nicht die Rede. Auch in der Physiologie des Stoffwechsels interessiert den Physiologen und Biologen nicht die Feststellung der Geltung irgendeines physikalischen oder chemischen Gesetzes an sich; der Physiologe treibt nicht Physik und Chemie aufs Biologische angewandt. Was er erforschen will, ist die spezifische Art des Zusammenwirkens physikalischen und chemischen Geschehens, die für das Lebensgeschehen charakteristisch und wesenhaft ist. In dieser Hinsicht kann den Auffassungen, wie sie v. UEXKÜLL, HALDANE u. a. immer wieder vertreten, nur zugestimmt werden. Die Ermittlung der spezifischen Gesetze der Komplizierung der biologischen Systeme ist die Aufgabe der Biologie. Diese Aufgabe kann aber nur erfüllt werden mittels generalisierender und exakter Induktion, also durch Kausalforschung. Kausalforschung und Kausalerklärung ist aber in der Biologie nicht gleich physikalisch-chemischer Forschung, wie v. UEXKÜLL, HALDANE und mit ihnen viele vitalistisch wie mechanistisch eingestellte Forscher irrtümlicherweise annehmen.

Gegenüber der hier vertretenen Ansicht, daß nur die beiden oben dargelegten Methoden der Induktion Naturerkenntnis ermöglichen, vertreten viele Biologen und Philosophen den Standpunkt, daß für die Erforschung und Erkenntnis der Organismen und des organischen Geschehens das Kausalprinzip und dementsprechend die beiden Methoden nicht ausreichen, daß hierfür noch eine dritte Methode, die im Gegensatz zur Kausalforschung stehe, angewendet werden könne und müsse, die *Zweck-* (besser *Ziel-*) oder *Ganzheitsbetrachtung*. Erst die Beurteilung der Organismen als zweckmäßige bzw. zielstrebige, harmonische Ganze führe zum richtigen „Verständnis" des Organischen. Die Zweckmäßigkeit der Organismen, ihrer Organe und Funktionen wird natürlich jeder Vorurteilslose ohne weiteres zugeben und somit auch anerkennen, daß diese Beurteilung des Zweckmäßigen (Planmäßigen), Zielstrebigen, Ganzheitsbezogenen für die Kennzeichnung biologischer Formen und Funktionen notwendig ist. Organismen sind komplexe Systeme, die gerade durch das spezifische harmonische Zusammenwirken der einzelnen Kausalreihen, durch die Wechselwirkungen aller Teile ihren Charakter erhalten. Das gilt aber für viele Naturobjekte der besonderen Naturwissenschaften, Atome, Kristalle, Mineralien, Planetensysteme u. a. in gleicher Weise. Planmäßigkeit und

---

Zeit in einem Vortrag (1925) ausgeführt habe, nicht nur für die Biologie, sondern auch für die anderen „systematischen" „idiographischen" Naturwissenschaften, wie Chemie, Mineralogie usw. (s. auch M. HARTMANN: Allgemeine Biologie, 1. Aufl., Einleitung und Schluß).

Ganzheit müssen wir daher nicht nur für die organischen, sondern auch für die leblosen Naturkörper in gleicher Weise annehmen, ja das gilt auch für die Gesamtnatur, soweit sie erkennbar ist, wie KANT in seiner Kritik der Urteilskraft an dem Prinzip der formalen Zweckmäßigkeit in überzeugender Weise ausgeführt hat. Ohne Voraussetzung eines Rational-Sinnvollen, eines Gesetzlich-Notwendigen wäre ja jede Naturforschung, wie früher schon ausgeführt, unmöglich; denn die Voraussetzung eines Logisch-Allgemeinen ist ja die Voraussetzung und Grundlage jedes induktiven wissenschaftlichen Verfahrens. *Naturwissenschaft ist Rationalisierung der Erscheinungswelt. Gäbe es in der Natur nichts Rationalisierbares, so wäre auch eine Wissenschaft von der Natur unmöglich.*

Man hat gegen die hier vertretene Auffassung eingewandt, daß die Einheit der leblosen Systeme die *Summe* ihrer Teile darstelle, während die Summe der Teile keinen Organismus, kein „Ganzes" ergäbe. Doch gibt es auch im Anorganischen in weiter Verbreitung Gegenstände, Systeme, die nicht wie ein Haufen Steine einfach die Summe ihrer Teile darstellen, die Einheitscharakter tragen, die erst durch die spezifische Gesetzmäßigkeit des Zusammenwirkens der Teile ihren besonderen Systemcharakter erlangen. In einem solchen System stehen alle es bedingenden Teilsysteme miteinander in einem harmonischen Wirkungszusammenhang, bilden eine Einheit, und wie bei einem Organismus oder organischen System stellt sich bei Veränderungen eines Gliedes aus den inneren Systembedingungen heraus wieder ein dynamisches Gleichgewicht her und bleibt somit der spezifische (hier durchaus kausal bedingte) Systemzusammenhang, die Einheit oder Ganzheit, erhalten (Beispiele: Atome, Planetensysteme, Gleichgewicht in einer Lösung verschiedener Salze nach dem Massenwirkungsgesetz)[1].

Wenn nun von den biologischen Ganzheitstheoretikern behauptet wird, daß mit dem Prinzip der *Ganzheit* eine neue, bisher vernachlässigte biologische Methode in die Biologie wieder eingeführt sei, die neben den auf die Kategorie der Kausalität gegründeten Methoden der generalisierenden und exakten Induktion eine weitere, Erkenntnis konstituierende Methode darstelle, ja eine Methode sei, die die Kausalanalyse an Erkenntnisfunktion überträfe, so ist diese Behauptung nicht zutreffend. Die analytisch-induktive Methode hat stets, wie wir früher sahen, sowohl Ganzheitsgebilde, Systeme als Ausgang, als auch zugleich als Ziel. Dieses Ziel, die Erkenntnis des konstitutiven Zusammenhanges der Ganzheiten und der ihnen zugrunde liegenden allgemeinen Gesetzlichkeiten, kann aber nur durch die vorausgegangene Zergliederung und die darauffolgenden synthetischen Glieder des induktiven Methodengefüges zugleich erreicht

---

[1] DRIESCH macht allerdings einen scharfen Unterschied zwischen solcher *Wirkungseinheit* (einfacher „Wohlgeordnetheit") und *echter Ganzheit*. Dieser Unterschied ist aber nur dadurch möglich, daß die Eigengesetzlichkeit des Lebens, die besondere vitale Beschaffenheit des Organischen, von ihm mit zur Definition des Ganzheitlichen herangezogen, der Vitalismus demnach als bereits bewiesen vorausgesetzt wird.

werden, am sichersten durch exakte Induktion. Die meisten modernen Ganzheitstheoretiker begnügen sich aber damit, einseitig auf den Ganzheitscharakter, die Zweckbezogenheit (Zielstrebigkeit) im Biologischen nachdrücklich hinzuweisen, oder versuchen, ohne tiefgründige Analyse synthetisch, und zwar vielfach mit teleologischen und Zweckbegriffen, ein „Verständnis" oder eine „Erklärung" biologischer Ganzheiten zu bieten. Das durch die Aufzeigung des Planmäßigen, des Ganzheitscharakters vermittelte „Verständnis" ist aber *keine Problemlösung, sondern erst die Problemstellung*[1]. Der Wert dieser Begriffe für die Naturforschung (nicht nur im Biologischen, sondern ebenso im Anorganischen) ist eben der, daß sie auf die noch ungelösten, vielfach zunächst nicht gesehenen Probleme hinweisen, zu den richtigen Problemstellungen führen. Gewiß können auch die so gewonnenen *richtigen Kennzeichnungen* und *richtigen Problemstellungen* bereits große wissenschaftliche Ergebnisse darstellen, und dadurch erweisen sich die Zweck- und Ganzheitsbegriffe als unentbehrliche Forschungsprinzipien; aber es sind Prinzipien *heuristischer, regulativer*, nicht solche *konstitutiver* Art, wie bereits KANT in seiner Kritik der Urteilskraft eindrucksvoll und überzeugend dargetan hat. KANT hat hier trotz des geringen biologischen Wissens seiner Zeit schärfer und richtiger gesehen und das Methodenproblem der Biologie klarer herausgearbeitet als die modernen Ganzheitstheoretiker und Teleologen, die an der Oberfläche des Problems hängen geblieben sind und nur einseitig ein Moment des komplexen vierfachen Methodengefüges der exakten Induktion sehen[2].

Die Zweckbeurteilung, die Ganzheitsbetrachtung steht nicht im Gegensatz zur Kausalforschung, sie ist nicht eine andere weiterführende Methode, sondern sie ist Voraussetzung, erster Schritt des Aufbaues, sie ist Vorbereitung der Kausalforschung und ermöglicht ihr weiteres Fortschreiten. Beim weiteren Fortschreiten werden aber neue Analysen und Synthesen

---

[1] Siehe dazu auch die ähnlichen Ausführungen von DRIESCH (1935).

[2] Die Begriffe *Zweckmäßigkeit, Zielstrebigkeit* und *Ganzheitsbezogenheit* sind hier, wie das vielfach geschieht, gleichbedeutend verwendet. Das ist an sich nicht richtig, da, wie DRIESCH, SAPPER u. a. näher ausgeführt haben, den einzelnen Begriffen ein verschiedener Bedeutungsgehalt zukommt. Der Begriff Zweckmäßigkeit würde am besten ganz vermieden und durch *Zielstrebigkeit* ersetzt. Die *Ganzheitsbezogenheit* ist der weitere Begriff (worin wir mit SAPPER übereinstimmen), die *Zielstrebigkeit* der engere, der nach SAPPER nur für Organismen zutrifft. DRIESCH jedoch verknüpft gerade Ganzheitsbezogenheit mit Zielstrebigkeit und bringt in seine Definition von Ganzheit die Eigengesetzlichkeit des Lebens mit hinein. Wenn man den Vitalismus als nicht bewiesen betrachtet, wie wir das mit SAPPER tun, dann fällt der Begriff Ganzheit mit Wirkungseinheit zusammen und trifft, wie oben ausgeführt, auch für leblose Naturkörper zu. Zielstrebigkeit ist demgegenüber weit charakteristischer für die Lebewesen (SAPPER). Aber Zielstrebigkeit, Gerichtetheit des Geschehens ist auch nicht etwas, das nur auf organisches Geschehen zutrifft, was aber hier nicht näher ausgeführt werden kann. Bei der hier gebotenen Kürze in der Behandlung des Problems kann die etwas ungenaue Gleichsetzung von Zielstrebigkeit und Ganzheit, ohne Mißverständnis herbeizuführen, Verwendung finden.

notwendig, und dabei stellt sich oft heraus, daß der erste synthetische Ansatz nicht eine richtige Erklärung des Geschehens zu bieten vermochte und durch andere hypothetische Ansätze synthetischer Natur ersetzt werden muß. Bei diesem Fortschreiten werden früher oder später durch die Kausalforschung selbst, durch die generalisierende, vor allem aber exakte Induktion, die heuristischen, für die Problemansätze zunächst notwendigen Ganzheitsbegriffe ausgeschieden und durch kausale, Ganzheit wirklich konstituierende Begriffe ersetzt.

b) Vitalismus.

Nachdem in der zweiten Hälfte des 19. Jahrhunderts die mechanistische Auffassung der Organismen, d. h. die Lehre, daß die organischen Körper und organischen Vorgänge sich im Prinzip kausal auf letzte materielle Elemente zurückführen, also letzlich physikalisch erklären lassen, nahezu allgemein die herrschende war, ist etwa seit der Jahrhundertwende ein allmählicher Umschwung eingetreten, und die heutige allgemeinbiologische Literatur ist zum größten Teil vitalistisch eingestellt. Unter sich sind diese vitalistischen Lehren zum Teil sehr verschiedenartig, und sie stimmen in der Regel nur darin überein, daß das Organische nicht mechanistisch erklärt werden könne. Den größten Einfluß auf diese Entwicklung haben die Schriften von HANS DRIESCH ausgeübt, der fraglos der bedeutendste Vertreter des Neovitalismus ist. Nur mit dessen Vitalismus soll hier eine Auseinandersetzung erfolgen. Diese Beschränkung ist um so mehr gerechtfertigt, als DRIESCH selbst die Unbegründetheit und Vagheit der anderen vitalistischen Lehren aufs schärfste dargetan hat. Zu den letzteren gehören auch die neueren, sog. organismischen Auffassungen[1], die von ihren Vertretern als jenseits der Alternative Vitalismus oder Mechanismus stehend ausgegeben werden, die aber in Wirklichkeit nur einen versteckten oder verwaschenen Vitalismus darstellen. Die Schlagworte Ganzheit und Synthese, auf die sich jene Autoren berufen, sind ganz und gar nicht ausreichend, eine autonome Eigengesetzlichkeit des Lebendigen zu begründen, wie auch DRIESCH, der Urheber des Ganzheitsbegriffes, neuerdings ausgeführt hat. Ganzheit ist ja etwas Zusammengesetztes, „Wohlgeordnetes", was erst eine Erklärung erheischt. Sie schließt eine Problemstellung in sich, die eine Lösung verlangt, und sie kann daher nicht von sich aus das Problem des Lebens lösen. Nur wenn „wohlgeordnete" organische Sachganze (wie DRIESCH das glaubt bewiesen zu haben) nicht mechanistisch, kausalgesetzlich erklärt werden *können* und somit eine Eigengesetzlichkeit des Lebens und besondere vitale Faktoren zu seiner Erklärung angenommen werden *müssen*, findet der Begriff Ganzheit nach DRIESCH seine Erfüllung und zugleich seine Berechtigung. Wirkliche wissenschaftliche Aussagen können auch nach DRIESCH nur durch gründliche Analysen gemacht werden, und das Reden von synthetischer Biologie und Ganz-

---

[1] Neuerdings vielfach als *holistische* bezeichnet.

heit bleibt an der Oberfläche und entbehrt strenger wissenschaftlicher Haltung.

Alle solche Fehler vermeidet der DRIESCHsche Vitalismus. Er schaltet logischerweise auch jedes Eingreifen irgendwie gearteter vitaler Faktoren in den Mechanismus der Kausalität (wie es der Psychovitalismus tut) selbst aus und läßt der Kausalforschung die unbeschränkte Betätigung zukommen. Andererseits ist er aber der Überzeugung, daß die Ganzheitserscheinungen der Lebewesen, vor allen die, welche bei den Formbildungsprozessen und den tierischen Handlungen uns entgegentreten, rein mechanistisch-kausalgesetzlich nicht erklärt werden können, daß daher bei den Lebensvorgängen eine besondere Eigengesetzlichkeit bestehe und vitale Faktoren zur Geltung kämen. Die besondere Eigengesetzlichkeit gibt sich nach DRIESCH darin kund, daß nichträumliche „Werdebestimmer", die er mit dem aristotelischen Ausdruck *Entelechie* bezeichnet, das materielle Geschehen der Lebensvorgänge so regeln, daß sie nicht beliebig, sondern planmäßig, ganzheitsherstellend verlaufen.

Die logische Rechtfertigung der Möglichkeit des Vitalismus in dieser Form ist ohne weiteres zuzugeben. Wenn man das fraglos im Biologischen bestehende unbekannte und vielleicht auch unerkennbare „X" Entelechie nennt, die Entelechie also als einen Grenzbegriff gegen das unerforschte, evtl. unerforschbare Irrationale annimmt, wie das der DRIESCH-Anhänger UNGERER tut, so läßt sich dagegen nichts einwenden. Aber DRIESCH behauptet mehr. Er behauptet, daß solche besonderen vitalen Naturfaktoren vorausgesetzt werden *müssen*, und daß der Mechanismus für die Erklärung des Biologischen *grundsätzlich versagt*.

DRIESCH glaubt nun, durch Analyse morphogenetischer Vorgänge und des tierischen Handelns drei direkte Beweise für die Autonomie des Lebens erbracht zu haben. Die Analyse dieser Lebensprozesse ist aber nicht weit genug vorgeschritten, um daraufhin die kausalgesetzliche Unauflösbarkeit derselben behaupten zu können. Die ganze Kausalforschung auf diesen Gebieten steht ja in den allerersten Anfängen. Die kausalen Erklärungsmöglichkeiten, die DRIESCH selbst erörtert, sind doch von verhältnismäßig primitiver Art und erschöpfen sicher nicht alle kausalen Erklärungsmöglichkeiten der Jetztzeit und noch viel weniger die der Zukunft. So hat DRIESCH z. B. die Möglichkeiten, wie sie GOLDSCHMIDTs chemische Theorie des Vererbungs- und Formbildungsgeschehens bringt, überhaupt nicht erwogen. Eine eingehende Auseinandersetzung mit den sog. Beweisen von DRIESCH wäre bei dieser Sachlage nicht notwendig, um so mehr als auch UNGERER, wohl der bekannteste und bedeutendste DRIESCH-Schüler, endgültige Beweise durch die DRIESCHschen Formulierungen nicht erbracht sieht. Im Hinblick auf die neueste Entwicklung der Chromosomentheorie der Vererbung sei aber doch darauf näher eingegangen, weil durch sie die von DRIESCH als „undenkbar" erklärte mechanische Struktur aufgezeigt ist.

Driesch[1] erörtert drei logische Möglichkeiten einer mechanistischen Formbildungstheorie, von denen wir die erste mit ihm ohne weiteres als unzutreffend ablehnen. Nach der zweiten wäre „*ein Teil* des Ausgangsgebildes, des Eies, eine Maschine (wir würden sagen ein Mechanismus), die mit dem Rest jenes Gebildes und mit den Umweltsfaktoren, die beide für sie ‚ergreifbar' sind, als mit einem Material, den Ziegeln des Baumeisters entsprechend, arbeiten". Gegen die Möglichkeit dieser Hypothese führt Driesch aus, daß die Eier ja in einer großen Zahl vom mütterlichen Organismus gebildet werden, und daß diese *vielen* Eier durch Teilung *einer* Zelle, der *Ureizelle* entstanden sind. „Wie, so fragen wir, könnte eine sehr zusammengesetzte, auf die Mannigfaltigkeit des Erwachsenen eingestellte Struktur sich fortgesetzt teilen und *dabei immer ganz bleiben*? Solches ist undenkbar." „Damit ist auch die zweite, a priori möglich erscheinende Vermutung des mechanistischen Denkens mit Rücksicht auf die Grundlage des embryologischen Vorganges negativ erledigt" (Driesch 1935, S. 37).

Die nach Driesch undenkbare Struktur, die fortgesetzt bei jeder Kern- und Zellteilung sich teilt, ist durch die neuen Erfolge der Chromosomentheorie der Vererbung an den Chromosomen der Speicheldrüsenkerne von *Drosophila* exakt aufgezeigt. Die von Morgan und seinen Mitarbeitern erschlossene, schon von Stern u. a. direkt bewiesene lineare Anordnung der Erbfaktoren in den einzelnen Chromosomen ist hier an dem Feinbau der Chromosomen mikroskopisch sichtbar. Derselbe weist eine bestimmte Anzahl linear bestimmt angeordneter Chromomeren auf, die miteinander durch feine Längsfäden verbunden sind (Bauer). Eine Reihe von ganz bestimmten Erbfaktoren sind bereits mit bestimmten materiellen Teilen der Feinstruktur (Chromomeren) durch Kombination von Mutationsexperiment, Vererbungsversuch und cytologischer Untersuchung identifiziert (Painter, Muller)[2]. Die Gesamtheit der Erbfaktoren, die die Vorgänge der Vererbung und den ganzen Entwicklungsablauf des Organismus bestimmen, sind also in einer Feinstruktur mikroskopisch sichtbar, und diese Feinstruktur, die den ganzen Potenzenschatz enthält, wird bei jeder Kern- und Zellteilung der Länge nach halbiert und auf die Tochterzellen verteilt. Die Struktur bleibt also immer *ganz*, gerade das, was nach Driesch undenkbar ist. Wie das Wachstum und die Teilung dieser Struktur sich vollzieht, das wissen wir allerdings nicht; das ist aber auch für die hier interessierende Frage von sekundärer Bedeutung. Wir wissen auch noch nicht viel über die Art und Weise, wie von dieser Struktur aus die Formbildungsvorgänge in dem sich entwickelnden

---

[1] Driesch hat neuerdings erneut zu der Mechanismus-Vitalismusfrage in einer Schrift Stellung genommen, die sich durch logische Schärfe erheblich von den vielen sog. organismischen und holistischen Veröffentlichungen der heutigen theoretischen Biologie auszeichnet. Sie ist der vorliegenden Darstellung zugrunde gelegt (Driesch 1935).

[2] Eine zusammenfassende Darstellung dieser neuesten Ergebnisse der Chromosomenforschung hat Pätau (1935) zusammen mit eigenen Befunden in den Naturwissenschaften gegeben. Die Ergebnisse auf diesem Gebiet sind inzwischen erheblich gesichert und erweitert.

Embryo in Gang gesetzt werden und ablaufen; aber es sind bereits erste Ansätze vorhanden, um auch diese Probleme einer kausalgesetzlichen Erklärung zuzuführen[1]. Das Wesentliche, die Struktur selbst und der Mechanismus ihrer Verteilung, ist nicht mehr wegzuleugnen und somit der von DRIESCH als undenkbar angenommene Mechanismus erwiesen. Von hier aus erledigen sich auch alle Einwände gegen den Mechanismus, die DRIESCH von der Theorie der *harmonisch äquipotentiellen Systeme* aus abgeleitet hat (dritter Beweis). Denn wenn bei harmonisch äquipotentiellen Zellgesamtheiten (abgefurchter Keim, junge Organanlagen, Fälle von Regeneration) nach Entfernung oder Verlagerung von Teilen (Zellgruppen) durch einen experimentellen Eingriff ohne Beeinträchtigung der Leistungsfähigkeit wieder ein Ganzes wird, so geht eben deshalb „die Maschine, das harmonische System nicht entzwei", weil jede Zelle den gesamten Potenzenschatz in der Feinstruktur ihrer Chromosomen enthält, wie wir eben gesehen haben[2].

Damit sind die vom Formbildungsgeschehen aus abgeleiteten Beweise für die Autonomie des Lebendigen DRIESCHs widerlegt, und sein Vitalismus und seine Entelechienlehre erweisen sich als unbegründet, als verfrühte Schlußfolgerungen. H. WEYL hat anläßlich der durch die neue Quantenphysik hervorgerufenen Erörterung des Kausalproblems einmal gesagt: „Die Philosophen sind ungeduldige Leute" (1927, S. 156). Die Richtigkeit dieses Ausspruches erweist sich auch hier. Auf einem Gebiet, auf dem die analytische Erforschung erst am Anfang steht, kann man keine so weitgehenden Schlüsse ziehen, wie sie DRIESCH bei seinen Beweisen gezogen hat. Der Verzicht auf das Entwerfen „eines Systems der Natur (hier der belebten Natur) in einem Zuge" und „die mit unendlicher Geduld durchgeführte restlose Analyse von kleinen Einzelfragen" ist für den Fortschritt der Naturwissenschaft (auch der Biologie) fruchtbarer als die verfrühte Aufstellung einer allgemeinen Theorie des Lebens, wenn sie auch wie in dem Falle des Vitalismus von DRIESCH (und im Gegensatz zu anderen vitalistischen und organismischen Lehren) mit großem Aufwand von Scharfsinn und Logik entwickelt ist.

Nicht die logische Möglichkeit, daß es eine besondere vitale Eigengesetzlichkeit geben könne, bestreiten wir demnach. Aber ebenso wie man DRIESCH recht geben muß in seiner Ablehnung eines dogmatischen Mechanismus, der behauptet, alles organische Geschehen wäre restlos physikalisch-chemisch auflösbar, so muß auch im Gegensatz zu ihm seine eigene Behauptung abgelehnt werden, daß das Organische prinzipiell nicht mechanistisch, kausalgesetzlich erklärbar wäre. Als kritischer Forscher

---

[1] Darüber liegen vor allem neue Befunde von HÄMMERLING (1934) und KÜHN und seinen Mitarbeitern vor (1935).

[2] Die Lösung des Regulationsproblems ist dadurch natürlich nicht erbracht. Aber die Möglichkeit einer Lösung auf einem Wege, der früher nicht gesehen wurde, ist wenigstens damit gezeigt.

muß man sich in dieser Frage heute mit einem *Nichtwissen* bescheiden, was aber durchaus nicht ein *Niemalswissen* bedeutet. Aber *Eines* kann man auch heute bereits mit Sicherheit sagen: Selbst wenn solche von DRIESCH behauptete, planmäßig wirkende, nichträumliche Werdebestimmer in der organischen Natur tatsächlich wirksam wären, so könnten sie mit den uns Menschen zur Verfügung stehenden Erkenntnismitteln in der Natur nicht nachgewiesen werden (weder jetzt noch in Zukunft). Naturerkenntnis kann eben nur mit der Kategorie der Kausalität errungen werden, und es gibt keine anderen Methoden, Naturwissenschaft zu treiben, als die Methoden der generalisierenden und exakten Induktion, durch deren Anwendung Einzelfälle unter allgemeine Gesetzmäßigkeit gebracht werden[1]. Die Arbeit des Naturforschers mit diesen Methoden gilt dem *erkennbaren, rationalisierbaren Teil des Seins* und nur diesem. Das *Irrationale* in der Welt müssen wir in Bescheidenheit hinnehmen. Es ist der Domäne der Naturwissenschaft völlig entrückt, in ihm haben andere Kulturgebiete, Metaphysik und Religion, ihre Betätigung und ihren Grund. Vom Erkennbaren aber gilt das hoffnungsvolle Wort KANTs: *„Ins Innere der Natur dringt Beobachtung und Zergliederung der Erscheinungen, und man kann nicht wissen, wie weit diese mit der Zeit führen werden."*

Schriftenverzeichnis.

BAUCH, B.: Studien zur Philosophie der exakten Wissenschaften. Heidelberg 1911.
BAUCH, B.: Zum Problem der Kausalität. Bl. dtsch. Philos. 9 (1935).
BAVINK, B.: Ergebnisse und Probleme der Naturwissenschaften. Eine Einführung in die heutige Naturphilosophie, 5. Aufl. Leipzig 1933.
BAVINK, B.: Besprechung über M. HARTMANN: Die methodologischen Grundlagen der Biologie. Unsere Welt 26 (1934).
BOHR, N.: Das Quantenpostulat und die neuere Entwicklung der Atomistik. Naturwiss. 1928.
BÜNNING, E.: Sind die Organismen mikrophysikalische Systeme? (Entgegnung an P. JORDAN.) Erkenntnis 5 (1935).
CASSIRER, E.: Substanzbegriff und Funktionsbegriff. Untersuchungen über die Grundfragen der Erkenntniskritik. Berlin 1910.
CASSIRER, E.: Zur EINSTEINschen Relativitätstheorie. Erkenntnistheoretische Betrachtungen. Berlin: Bruno Cassirer 1920.
COHEN, H.: Logik der reinen Erkenntnis. Berlin 1902.

---

[1] Wegen meiner methodologischen Haltung gegenüber der Mechanismus-Vitalismus-Frage werde ich von manchen Vitalisten als extremer Vertreter des Mechanismus angesprochen. Wie die obigen Ausführungen zeigen (die sich mit früher von mir geäußerten vollkommen decken), trifft das nicht zu. Mein Standpunkt liegt jenseits der Alternative Mechanismus-Vitalismus. Es ist der Standpunkt eines Naturforschers (nicht eines Naturphilosophen), der, bewußt der Grenzen der heutigen biologischen Forschung, sich jeder allgemeinen ontologischen Aussage über das „Wesen" des Lebendigen enthält und die Frage, ob das Leben rein kausalgesetzlich (mechanistisch) erklärt werden kann oder „autonom" (vitalistisch) gesteuert wird, als zurzeit nicht beantwortbar, offen läßt. Das starke Eintreten für die kausalgesetzliche (mechanistische) Methode in der biologischen Forschung bedeutet keine Stellungnahme in der Vitalismus-Mechanismus-Frage, sondern entspringt der Erkenntnis, daß es in der Biologie wie in jeder anderen Naturwissenschaft keine andern Forschungsmethoden gibt.

DRIESCH, H.: Philosophie des Organischen, 4. Aufl. Leipzig 1928.
DRIESCH, H.: Die Maschine und der Organismus. Bios. Abh. theor. Biol. 4. Leipzig 1935.
EINSTEIN, A.: Über die spezielle und die allgemeine Relativitätstheorie. Sammlung Vieweg, 2. Aufl., H. 38. Braunschweig 1917.
FREUNDLICH, E.: Die Grundlagen der EINSTEINschen Gravitationstheorie. Berlin 1916.
HALDANE, J. S.: Die philosophischen Grundprobleme der Biologie. Leipzig 1932.
HARTMANN, M.: Biologie und Philosophie. Berlin: Julius Springer 1925.
HARTMANN, M.: Allgemeine Biologie, 1. Aufl., 1. Lief. Jena: Gustav Fischer 1925.
HARTMANN, M.: Die methodologischen Grundlagen der Biologie. Erkenntnis 3 (1933). (Auch Separat. Leipzig: Felix Meiner.)
HARTMANN, M.: Analyse, Synthese und Ganzheit in der Biologie. Sitzgsber. Akad. Wiss. Berlin, Math.-naturwiss. Kl. 20 (1935).
HARTMANN, NIK.: Philosophische Grundfragen der Biologie. Göttingen: Vandenhoeck & Ruprecht 1912.
HARTMANN, NIK.: Grundzüge einer Metaphysik der Erkenntnis, 2. Aufl. Berlin 1925.
HEISENBERG, W.: Z. Physik 43 (1927).
HEISENBERG, W., E. SCHRÖDINGER u. P. A. M. DIRAC: Die moderne Atomtheorie. Leipzig: S. Hirzel 1934.
HERMANN, G.: Die naturphilosophischen Grundlagen der Quantenmechanik. Naturwiss. 23 (1935).
HÖNIGSWALD, RICH.: Naturphilosophie. Jb. Philos. 1 (1913).
JOLLOS, V.: Genetik und Evolutionsproblem. Leipzig: Akademische Verlagsgesellschaft 1931.
JOLLOS, V.: Weitere experimentelle Untersuchungen zum Artumbildungsproblem. (Vorl. Mitt.) Naturwiss. 21 (1933).
JORDAN, P.: Die Quantenmechanik und die Grundprobleme der Biologie und Psychologie. Naturwiss. 20 (1932).
JORDAN, P.: Quantenphysikalische Bemerkungen zur Biologie und Psychologie. Erkenntnis 4 (1934).
KANT: Kritik der Urteilskraft, 4. Aufl., Ausgabe der philos. Bibl. Leipzig: Felix Meiner.
KÜHN, A., E. CASPARI u. E. PLAGGE: Über hormonale Genwirkungen bei Ephestia kühniella Z. Nachr. Ges. Wiss. Göttingen. Nachr. Biol. 2 (1935).
LAUE, M. V.: Das Relativitätsprinzip. Die Wissenschaft, H. 38. Braunschweig 1911.
LAUE, M. V.: Über HEISENBERGs Ungenauigkeitsbeziehungen und ihre erkenntnistheoretische Bedeutung. Naturwiss. 22 (1934).
LAUE, M. V.: Referat über: 25 Jahre Kaiser Wilhelm-Gesellschaft zur Förderung der Wissenschaften, Bd. 2 Naturwissenschaften. Naturwiss. 24 (1936).
PLANCK, M.: Wege zur physikalischen Erkenntnis. Reden und Vorträge. Leipzig: S. Hirzel 1933.
REICHENBACH, H.: Relativitätstheorie und Erkenntnis a priori. Berlin: Julius Springer 1920.
RIEHL, AL.: Der philosophische Kritizismus und seine Bedeutung für die positive Wissenschaft, I/II. Leipzig 1876—87.
RIEHL, AL.: Logik und Erkenntnistheorie. Systematische Philosophie. „Kultur der Gegenwart". Berlin u. Leipzig 1908.
SAPPER, K.: Die Hauptaufgabe der theoretischen Biologie. Scientia (Milano) 1934.
SCHLICK, M.: Raum und Zeit in der gegenwärtigen Physik. Berlin 1917.
SCHLICK, M.: Die Kausalität in der gegenwärtigen Physik. Naturwiss. 19 (1931).
SCHLICK, M.: Ergänzende Bemerkungen über P. JORDANS Versuch einer quantentheoretischen Deutung der Lebenserscheinungen. Erkenntnis 5 (1935).
SCHRÖDINGER, E.: Über Indeterminismus in der Physik. Leipzig: Johann Ambrosius Barth 1932.

SELLIEN, E.: Die erkenntnistheoretische Bedeutung der Relativitätstheorie. Kieler Inaug.-Diss. Berlin 1919.

STERN, C.: Die Chromosomentheorie der Faktorenkoppelung. Naturwiss. **20** (1932).

UEXKÜLL: Nova Acta Leopoldina, N. F. **1** (1933).

UNGERER, E.: Der Aufbau des Naturwissens. Die pädagogische Hochschule. Jg. 2. 1930.

WEYL, H.: Raum. Zeit. Materie. Vorlesungen über allgemeine Relativitätstheorie, 3. Aufl. Berlin 1920.

WEYL, H.: Was ist Materie? Berlin: Julius Springer 1924.

WEYL, H.: Philosophie der Mathematik und Naturwissenschaft. Handbuch der Philosophie, Bd. 2. 1927.

WINTERNITZ, J.: Relativitätstheorie und Erkenntnislehre. Wissenschaft und Hypothese, Bd. 23. Leipzig und Berlin: J. B. Teubner 1923.

ZILSEL, E.: JORDANS Versuch, den Vitalismus quantenmechanisch zu retten. Erkenntnis **5** (1935).

ZIMMER, E.: Umsturz und Weltbild der Physik. Gemeinverständlich dargestellt. Mit einem Geleitwort von MAX PLANCK, 3. Aufl. München: Knorr und Hirth 1936.

VERLAG VON JULIUS SPRINGER / BERLIN

Naturwissenschaftliche Erkenntnis und ihre Methoden.
Von **M. Hartmann,** Berlin-Dahlem und **W. Gerlach,** München. (Erweiterte Sonderausgabe aus „Die Naturwissenschaften", 1936, Heft 45 und 46/47.) V, 70 Seiten. 1937.
RM 2.40

Biologie und Philosophie. Von Professor Dr. **Max Hartmann,** Berlin-Dahlem. Öffentlicher Vortrag, gehalten in der Kaiser Wilhelm-Gesellschaft zur Förderung der Wissenschaften, Berlin, am 17. Dezember 1924. V, 53 Seiten. 1925. RM 2.16

Theoretische Biologie. Von **J. von Uexküll.** Zweite, gänzlich neubearbeitete Auflage. Mit 7 Abbildungen. X, 253 Seiten. 1928. RM 13.50

Immanuel Kant und seine Bedeutung für die Naturforschung der Gegenwart. Von **Johannes von Kries,** Professor der Physiologie zu Freiburg i. Br. IV, 127 Seiten. 1924. RM 3.51

Immanuel Kant 1724—1924. Gedächtnisrede zur Einweihung des Grabmals im Auftrag der Albertus-Universität und der Stadt Königsberg i. Pr. am 21. April 1924 im Dom zu Königsberg, gehalten von **Adolf von Harnack.** 14 Seiten. 1924. RM 0.81

Philosophie. Von Professor Dr. **Karl Jaspers,** Heidelberg. In drei Bänden. 1932.

I. Band: **Philosophische Weltorientierung.** XI, 340 Seiten.
RM 8.80, gebunden RM 10.60
II. Band: **Existenzerhellung.** VI, 441 Seiten. RM 11.40, gebunden RM 13.20
III. Band: **Metaphysik.** VI, 237 Seiten. RM 6.60, gebunden RM 8.40

Psychologie der Weltanschauungen. Von **Karl Jaspers,** Professor an der Universität Heidelberg. Dritte, gegenüber der zweiten unveränderte Auflage. XIII, 486 Seiten. 1925. Gebunden RM 14.85

Zu beziehen durch jede Buchhandlung

VERLAG VON JULIUS SPRINGER / BERLIN

Allgemeine Erkenntnislehre. Von **Moritz Schlick,** o. ö. Professor an der Universität Wien. Zweite Auflage. („Naturwissenschaftliche Monographien und Lehrbücher", Band I.) IX, 375 Seiten. 1925. RM 16.20

Hermann v. Helmholtz, Schriften zur Erkenntnistheorie. Dem Andenken an Hermann v. Helmholtz zur Hundertjahrfeier seines Geburtstages. Herausgegeben und erläutert von **Paul Hertz,** Göttingen, und **Moritz Schlick,** Rostock. X, 176 Seiten. 1921. RM 7.65

Raum und Zeit in der gegenwärtigen Physik. Zur Einführung in das Verständnis der Relativitäts- und Gravitationstheorie. Von **Moritz Schlick,** o. ö. Professor an der Universität Wien. Vierte, vermehrte und verbesserte Auflage. VI, 108 Seiten. 1922. RM 3.01

Raum-Zeit-Materie. Vorlesungen über allgemeine Relativitätstheorie. Von Professor Dr. **Hermann Weyl,** Zürich. Fünfte, umgearbeitete Auflage. Mit 23 Textfiguren. VIII, 338 Seiten. 1923. RM 9.—

Was ist Materie? Zwei Aufsätze zur Naturphilosophie. Von Dr. **Hermann Weyl,** Professor der Mathematik an der Eidgen. Technischen Hochschule Zürich. Mit 7 Abbildungen. 88 Seiten. 1924. RM 2.97

25 Jahre Kaiser Wilhelm-Gesellschaft zur Förderung der Wissenschaften. Herausgegeben vom Präsidenten **Max Planck.**

1. Band: **Handbuch.** Mit 37 Abbildungen und 2 Porträts. VIII, 202 Seiten. 1936.
Gebunden RM 16.50
2. Band: **Die Naturwissenschaften.** Redigiert von **M. Hartmann.** VIII, 433 Seiten. 1936.
Gebunden RM 28.50
3. Band: **Die Geisteswissenschaften.** Erscheint im Frühjahr 1937

Die Naturwissenschaften. Begründet von A. Berliner und C. Thesing. Unter Mitwirkung von A. Butenandt-Berlin-Dahlem, P. Debye-Berlin-Dahlem, F. K. Drescher-Kaden-Göttingen, H. v. Ficker-Berlin, O. Hahn-Berlin-Dahlem, M. Hartmann-Berlin-Dahlem, F. Kögl-Utrecht, M. v. Laue-Berlin, F. v. d. Pahlen-Potsdam, F. Sauerbruch-Berlin, H. Spemann-Freiburg i. Br., H. Stille-Berlin und F. v. Wettstein-Berlin-Dahlem. Herausgegeben von **Fritz Süffert.** (Organ der Gesellschaft Deutscher Naturforscher und Ärzte und Organ der Kaiser Wilhelm-Gesellschaft zur Förderung der Wissenschaften.) Erscheint wöchentlich. Vierteljährlich RM 9.60.

Zu beziehen durch jede Buchhandlung

MIX
Papier aus verantwortungsvollen Quellen
Paper from responsible sources
FSC® C105338

If you have any concerns about our products,
you can contact us on
ProductSafety@springernature.com

In case Publisher is established outside the EU,
the EU authorized representative is:
**Springer Nature Customer Service Center GmbH
Europaplatz 3, 69115 Heidelberg, Germany**

Printed by Libri Plureos GmbH
in Hamburg, Germany